Pia Kuss

Molekulare Pathologie und Embryologie der Synpolydaktylie

Pia Kuss

Molekulare Pathologie und Embryologie der Synpolydaktylie

Südwestdeutscher Verlag für Hochschulschriften

Impressum / Imprint

Bibliografische Information der Deutschen Nationalbibliothek: Die Deutsche Nationalbibliothek verzeichnet diese Publikation in der Deutschen Nationalbibliografie; detaillierte bibliografische Daten sind im Internet über http://dnb.d-nb.de abrufbar.

Alle in diesem Buch genannten Marken und Produktnamen unterliegen warenzeichen-, marken- oder patentrechtlichem Schutz bzw. sind Warenzeichen oder eingetragene Warenzeichen der jeweiligen Inhaber. Die Wiedergabe von Marken, Produktnamen, Gebrauchsnamen, Handelsnamen, Warenbezeichnungen u.s.w. in diesem Werk berechtigt auch ohne besondere Kennzeichnung nicht zu der Annahme, dass solche Namen im Sinne der Warenzeichen- und Markenschutzgesetzgebung als frei zu betrachten wären und daher von jedermann benutzt werden dürften.

Bibliographic information published by the Deutsche Nationalbibliothek: The Deutsche Nationalbibliothek lists this publication in the Deutsche Nationalbibliografie; detailed bibliographic data are available in the Internet at http://dnb.d-nb.de.

Any brand names and product names mentioned in this book are subject to trademark, brand or patent protection and are trademarks or registered trademarks of their respective holders. The use of brand names, product names, common names, trade names, product descriptions etc. even without a particular marking in this works is in no way to be construed to mean that such names may be regarded as unrestricted in respect of trademark and brand protection legislation and could thus be used by anyone.

Coverbild / Cover image: www.ingimage.com

Verlag / Publisher:
Südwestdeutscher Verlag für Hochschulschriften
ist ein Imprint der / is a trademark of
AV Akademikerverlag GmbH & Co. KG
Heinrich-Böcking-Str. 6-8, 66121 Saarbrücken, Deutschland / Germany
Email: info@svh-verlag.de

Herstellung: siehe letzte Seite /
Printed at: see last page
ISBN: 978-3-8381-3563-2

Zugl. / Approved by: Berlin, Freie Universität, Dissertation, 2009

Copyright © 2012 AV Akademikerverlag GmbH & Co. KG
Alle Rechte vorbehalten. / All rights reserved. Saarbrücken 2012

Hoffnung ist nicht die Überzeugung dass etwas gut ausgeht,
sondern die Gewissheit, dass etwas Sinn hat,
egal wie es ausgeht.

V. Havel

für meine Mama…

1. EINLEITUNG 1

1.1 DER URSPRUNG DER EXTREMITÄTEN VON LANDWIRBELTIEREN ... 1
1.2 DAS SKELETT ... 1
1.3 EXTREMITÄTENENTWICKLUNG WÄHREND DER EMBRYONALEN ENTWICKLUNG ... 2
1.3.1 DIE MUSTERBILDUNG ... 2
Anterior-posteriore Achse ... 3
Dorso-ventrale Achse ... 3
Proximo-distale Achse ... 3
1.3.2 RETINSÄURE ... 5
1.3.3 KNOCHENENTWICKLUNG ... 7
Desmale Ossifikation ... 7
Chondrale Ossifikation ... 7
1.4 HOX-GENE ... 9
1.4.1 ENTSTEHUNG UND ALLGEMEINES ... 9
1.4.2 HOX-GENE WÄHREND DER MUSTERBILDUNG ... 10
1.4.3 DIE REGULATION DER HOX-GENE ... 12
1.5 HANDFEHLBILDUNGEN ... 14
1.5.1 POLYDAKTYLIE ... 14
1.5.2 SYNDACTYLIE ... 15
1.5.3 SYNPOLYDACTYLIE (SPD) DURCH MUTATIONEN IN HOXD13 ... 15

2. ZIELSETZUNG 18

3. MATERIAL 20

3.1 GERÄTE ... 20
3.2 VERBRAUCHSMATERIALIEN ... 21
3.3 CHEMIKALIEN ... 22

3.4 Puffer/ Lösungen	25
3.5 Molekularbiologische Reaktionssysteme/ Kits	27
3.6 Enzyme	27
3.7 Verwendete Bakterienstämme	27
3.8 Zelllinien	27
3.9 Antikörper	28
3.10 Computerprogramme	28
3.11 Primer	29

4. METHODEN 32

4.1 Tiere	32
4.1.1 Mäuse	32
4.1.2 Hühnchen	32
4.2 Histologie	33
4.2.1 Skelettpräparationen	33
4.2.2 Paraffineinbettung	33
4.2.3 Plastikeinbettung	34
Plastikschneiden	34
Entplasten	35
4.2.4 Hämatoxylin/Eosin (HE) - Färbung (mit und ohne Alcian Blue Gegenfärbung)	35
4.2.5 Toluidin – Färbung	35
4.2.6 Van Kossa - Färbung	36
4.3 Mikrobiologie	37
4.3.1 Bestimmung der Bakteriendichte	37
4.3.2 Flüssigkulturen von Bakterien	37
4.3.3 Glycerinkulturen	37
4.3.4 Bakterienkulturen auf Agarplatten	37
4.3.5 Herstellung chemo-kompetenter Bakterien	38

4.3.6 Herstellung elektro-kompetenter Bakterien	38
4.3.7 Transformation von Plasmid-DNA in Bakterien	38
4.3.8 Elektroporation	39
4.3.9 Homologe Rekombination	39
4.4 Allgemeine Molekularbiologische Methoden	**41**
4.4.1 DNA-Isolierung	41
4.4.2 RNA-Extrahierung	41
4.4.3 Herstellung von cDNA	42
4.4.4 Polymerasekettenreaktion (PCR)	42
Primer und Primerdesign:	42
Kolonie-PCR	43
Amplifikation der Kandidatengene aus cDNA (Sonden-PCR)	44
Genotypisierungs-PCR	45
4.4.5 DNA-Auftrennung durch Agarose-Gelelektrophorese	49
4.4.6 Gelextraktion mit GelOut Kit	50
4.4.7 Gelextraktion mit „Freeze and Squeeze"	50
4.4.8 Konzentrationsbestimmungen von Nukleinsäuren	50
4.4.9 Restriktionsverdau	51
4.4.10 Klonierung von DNA-Fragmenten in bakterielle Vektoren	51
pTA-Klonierung	51
Insertgewinnung	51
Linearisierung des Vektors	51
Dephosphorylierung des Vektors	52
Ligation und Transformation	52
Test der erhaltenen Klone	53
4.4.11 Fällung von Nukleinsäuren	53
4.4.12 DNA-Sequenzierungen	53
4.4.13 Quantitative RT-PCR (qRT-PCR)	54
Relative Quantifizierung durch qRT-PCR	54
4.4.14 Hybridisierung der Microarrays / Analyse der Primärdaten	54

4.5 *In Situ* Hybridisierung (ISH)	**55**
4.5.1 Herstellung von DIG-markierten Sonden	55
4.5.2 Wohle mount *in situ* Hybridisierung (WM-ISH)	55
4.5.3 Section *in situ* – Hybridisierung	56
4.6 Bead Implantation	**58**
4.7 Zellkulturmethoden	**59**
4.7.1 Einfrieren von Zellen	59
4.7.2 Auftauen von Zellen	59
4.7.3 Splitten von Zellen	59
4.7.4 Bestimmung der Zellzahl	60
4.7.5 Transfektion von Zellen	60
4.7.6 Micromasskulturen	60
Mäuse-Micromasskulturen	60
Alcian Blau-Färbung von Micromasskulturen	61
4.8 Immunzytologie	**62**
4.9 Immunhistologie	**63**
4.10 Fluoreszenzmikroskopie	**64**
4.11 Luciferase-Reporter-Assay	**64**
4.12 Proteinbiochemie	**66**
4.12.1 Zellpräparation und Zelllyse	66
4.12.2 Bestimmung der Proteinkonzentration	66
4.12.3 SDS-PAGE nach Laemmli (1970)	66
Vorbereitung der Proben	67
Elektrophorese	67
4.12.4 Western Blot	68
Proteintransfer auf Nitrozellulosemembran	68
Detektion der Proteine mittels Antikörper	68
Visualisierung mit ECL (enhanced chemiluminescence)	68
„Strippen" eines Western Blots	69
Coomassie Blau Färbung eines Proteingels	69

Trocknen von Gelen 69
4.12.5 2D- GELELEKTROPHORESE 70

5. ERGEBNISSE 71

5.1 PHÄNOTYP DER *SPDH* MAUSMUTANTE 71
5.2 MODIFIKATION DES PHÄNOTYPS 73
5.3 KOMBINATION AUS PARTIELLEN FUNKTIONSVERLUST UND
  FUNKTIONSGEWINN 76
5.4 AUFKLÄRUNG DES PATHOMECHANISMUS VON SPD 78
5.4.1 VERSCHIEDENE SCREENS AUF RNA-EBENE 78
5.4.2 UMFASSENDE SUCHE AUF PROTEIN-EBENE 80
5.4.3 DIREKTE MESSUNG VON RETINSÄURE AUS EXTREMITÄTENGEWEBE 80
5.4.4 UNTERSUCHUNG DES RETINSÄURESIGNALWEGES 81
5.4.5 *RALDH2* WIRD VON HOXD13 DIREKT REGULIERT UND AKTIVIERT 82
5.4.6 RETINSÄURE INHIBIERT DIE CHONDROGENESE 86
5.4.7 INTRAUTERINE ZUGABE VON RETINSÄURE BEHEBT DEN POLYDACTYLIE-
  PHÄNOTYP 89
5.4.8 ÜBERSCHÜSSIGE CHONDROGENESE IN INTERDIGITALEN 90
5.5 EPHRINE – REZEPTOREN UND IHRE LIGANDEN – UND FEHLENDE
  GRENZBILDUNG 93
5.6 UNTERSUCHUNG DER VERZÖGERTEN KNOCHENBILDUNG 95
5.6.1 BMPS WÄHREND DER EMBRYONALEN ENTWICKLUNG 96
5.6.2 FEHLENDES PERICHONDRIUM IN *SPDH* TIEREN 102
5.6.3 HOMEOTISCHE TRANSFORMATION DER METACARPALEN ZU CARPALEN 105
5.6.4 ZUSAMMENHANG ZWISCHEN HOXD13 UND HOXA13 107

6. DISKUSSION 110

6.1 KOMBINATION AUS PARTIELLEM FUNKTIONSVERLUST UND
  FUNKTIONSGEWINN 110

6.2 Aufklärung des Pathomechanismus von SPD	111
6.3 Ephrine	115
6.4 Die verzögerte Verknöcherung und homeotische Transformation	117

7. ZUSAMMENFASSUNG 122

Summary 123

8. LITERATURVERZEICHNIS 125

9. WEITERE VERZEICHNISSE 136

9.1 Abbildungsverzeichnis	136
9.2 Abkürzungen	138
9.3 Glossar	140
9.4 Publikationen	141
9.5 Kongressbeiträge	141

10. ANHANG 142

10.1 2D Geleelktrophorese Daten ....
10.2 Microarraydaten ....

1. Einleitung

1.1 Der Ursprung der Extremitäten von Landwirbeltieren

Als Landwirbeltiere (Tetrapoden) fasst man in der Systematik die Vertebraten zusammen, die über zwei Paare von Extremitäten verfügen. Dazu gehören die Amphibien, die Reptilien, die Vögel und die Säuger, einschließlich der Menschen. Allerdings können die Extremitäten während der Evolution wieder verschwinden, wie bei den Schlangen, oder sich ein Extremitätenpaar zu Flossen oder Flügeln entwickeln, wie bei Walen und Vögeln.

Man geht davon aus, dass die Quastenflosser die Vorfahren der Landwirbeltiere sind, die im Devon auf Flossen an Land krochen. Vermutlich sind die Gewässer damals nach und nach ausgetrocknet und die Fische waren gezwungen, sich an Land zu begeben und dort neue Lebensräume zu erschließen. So entwickelten sich vermutlich im Laufe der Evolution Vorder- und Hinterbeine aus den Flossen. Für das Landleben mussten diverse Anpassungen vonstatten gehen und ein festes Skelett entwickelt werden, das auch Gelenke und Zehen sowie Finger beinhaltet.

1.2 Das Skelett

Das Skelett verleiht dem Körper Stabilität und Gestalt, wobei es außerdem die inneren Organe sowie das Gehirn schützt. Weiterhin ist das Skelett ein wichtiger Faktor bei der Blutbildung und der Speicherung von Mineralien. Das Knochenmaterial wird lebenslang durch Osteoblasten auf- und durch Osteoklasten abgebaut. Unterschieden wird zwischen axialem, kranialem und appendikulärem Skelett. Das Axialskelett besteht aus Wirbelsäule, Rippen einschließlich Sternum und schließt mit dem kranialen Skelett, dem Schädel ab. Das appendikuläre Skelett umfasst die Extremitäten, die über Schulter und Beckengürtel mit dem axialen Skelett verbunden sind.

Die Skelettentwicklung beginnt mit der initialen Musterbildung, einem Prozess in dem die Anzahl, die Größe und die Form der individuellen Skelettelemente bestimmt werden. Nach der Musterbildung wandern mesenchymale

Vorläuferzellen ein, kondensieren und differenzieren. Das Längenwachstum des Skeletts findet hauptsächlich in der Wachstumsfuge am Ende der Röhrenknochen statt (Kornak & Mundlos 2003).

1.3 Extremitätenentwicklung während der embryonalen Entwicklung

1.3.1 Die Musterbildung

Wenn die primäre Körperachse des Embryos angelegt ist, kommt es zur Initiation der Extremitätenknospe aus dem lateralen Plattenmesoderm. Diese Knospe besteht aus mesenchymalen Mesodermzellen und aus einer Schicht epithelialer Ektodermzellen. Die späteren Muskelzellen wandern aus den Somiten in die Knospe ein. Am distalen Ende der Extremitätenknospe befindet sich die apikale ektodermale Randleiste (apical ectodermal ridge, AER). Darunter befindet sich eine Schicht sich rasch teilender, undifferenzierter Zellen, die Wachstumszone (progress zone). Mit dem Auswachsen der Extremität differenzieren immer mehr Zellen und die ersten Knorpelelemente entstehen. Die am Rumpf gelegenen, proximalen Elemente differenzieren zuerst und mit zunehmender Länge der Extremität schreitet die Differenzierung nach distal voran (Wolpert 1999). Das grundsätzliche Muster der Extremitätenknospe wird durch drei Achsen festgelegt. Die anterior-posteriore, die dorso-ventrale und die proximo-distale Achse, die durch Interaktionen und Zell-Zell-Wechselwirkungen determiniert werden (Capdevila & Izpisúa Belmonte 2001).

Abbildung 1: Schematische Darstellung der Achsen und der frühen Extremitätenknospe

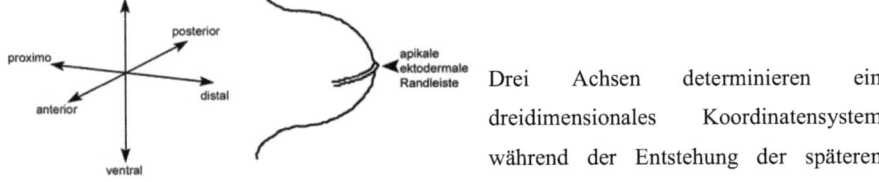

Drei Achsen determinieren ein dreidimensionales Koordinatensystem während der Entstehung der späteren Extremität. Am distal gelegenen Ende befindet sich die AER, die maßgeblich am Längenwachstum beteiligt ist.

Bild nach www.atlasgeneticsoncology.org

Einleitung

Anterior-posteriore Achse

Während der Extremitätenentwicklung sind im Speziellen zwei Organisationszentren sehr wichtig, die bereits genannte AER, sowie die Zone polarisierender Aktivität (zone of polarizing activity, ZPA), die sich am posterioren Rand der Knospe befindet. Die ZPA beeinflusst durch die Expression von *sonic hedgehog* (*Shh*) die anterior-posteriore Musterbildung maßgeblich (Niswander et al. 1994a, Riddle et al. 1993). Wobei die Induktion von *Shh* wiederum abhängig ist, von verschiedenen Faktoren wie z.B. Retinsäure (RA) (Stratford et al. 1996, Niederreither et al. 2002, Mic et al. 2004) und der Expression von Hox-Genen (Helms et al. 1994, Johnson et al. 1994, Knezevic et al. 1997). Die anterior-posteriore Achse entsteht und wird aufrechterhalten durch eine negative Rückkopplungsschleife zwischen *Shh* und der Repressorform von *Gli3*. Durch dieses Zusammenspiel entsteht ein *Shh* Gradient vom posterioren zum anterioren Ende, wo das Fehlen von *Shh* die Expression spezifischer Gene ermöglicht, die anteriore Identität verleihen. Das posteriore Mesenchym ist außerdem auch durch die Expression von Hox-Genen charakterisiert (Zákány et al. 2004), die in einer positiven Rückkopplung mit *Shh* und *dHand* verbunden sind.

Dorso-ventrale Achse

Das dorso-ventrale Muster ergibt sich aus Signalen, die vom Ektoderm an das darunter liegende Mesoderm weitergeben werden. So wird z.B. *Wnt7a* im dorsalen Ektoderm exprimiert und induziert dort *Lmx1*. Über den Wnt/β-catenin Signaltransduktionsweg der AER werden bone morphogenic proteins (BMPs) aktiviert, die wiederum *engrailed* anschalten, das spezifisch im ventralen Ektoderm exprimiert wird und dort *Wnt7a* unterdrückt (Capdevila & Izpisúa Belmonte 2001, Parr & McMahon 1995, Wolpert 1999).

Proximo-distale Achse

Das Längenwachstum der Knospe ist abhängig von der AER, deren Funktion in weiten Teilen über fibroblast growth factors (FGFs) vermittelt wird (Niswander et al. 1994b). Diese sind sowohl in den frühen, als auch in den späteren Entwicklungsstadien essentiell für ein korrektes Auswachsen der Extremitätenknospe (Rowe & Fallon 1982, Lewandoski et al. 2000). Die Initiation der AER ist abhängig von FGFs und Wnt-Proteinen die in der progress zone synthetisiert werden und dann Zielgene anschalten (Capdevila & Izpisúa Belmonte 2001, Martin 2001). Das spätere Wachstum der Knospe ist ebenfalls abhängig von FGFs und dem RA Signaltransduktionsweg, beides in Abhängigkeit von deren Distanz zur AER. Der proximale Teil der Extremität ist weiter weg von der AER, daher fehlt das FGF-Signal und stattdessen aktiviert RA die *Meis*-Gene, die für ein proximales Signal sorgen (Mercader et al. 2000). Die Aufrechterhaltung der AER ist durch zwei positive Rückkopplungsschleifen gewährleistet. Die eine besteht zwischen FGF10, einem mesodermalen Faktor, der die Initiation und das Auswachsen der Knospe induziert, und FGF8, das in der AER exprimiert wird (Ohuchi et al. 1997, Boulet et al. 2004). Die andere Rückkopplung beinhaltet die Signaltransduktion von FGFs aus der AER, die *Shh* im posterioren Mesenchym aktivieren. *Shh* wiederum inhibiert über *Formin* und *Gremlin* die BMP-Signalübermittlung, so wird eine FGF-Aktivierung in der AER ermöglicht (Albrecht et al. 2004, Niswander et al. 1994a, Laufer et al. 1994).

Abbildung 2: Schema zur den Organisationszentren
Das posteriore Ende der Knospe wird definiert durch die Expression von *Shh*, das die ZPA definiert. Die anterior-posteriore Achse wird über einen Gli3 abhängigen *Shh* Gradienten erwirkt. Über *Formin* und *Gremlin* werden BMPs inhibiert und so die FGF Signaltransduktion aktiviert. Über diesen Signalweg vermittelt die AER auch das proximo-distale Längenwachstum.
Bild: Freeman 2000

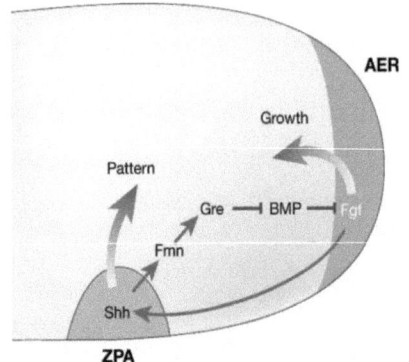

Bisher gibt es zwei beschriebene Modelle die versuchen das proximo-distale Auswachsen der Extremitätenknospe zu erklären. Das Ältere, so genannte progress zone model, geht davon aus, dass die Verweildauer der Zellen in der Wachstumszone von Bedeutung ist. Die Zellen, die zuerst die Wachstumszone verlassen bilden den Stylopod, die letzten schließlich bilden die letzten Glieder des Autopods. Ein zeitabhängiger Mechanismus würde zur Beobachtung passen, dass die Entfernung der AER eine distale Verstümmelung der Gliedmassen nach sich zieht (Summerbell et al. 1973, Wolpert 2002). Unlängst wurde dieses Modell durch eine neue Hypothese in Frage gestellt. Das concept of early specification beinhaltet, dass Zellen innerhalb der Knospe, eventuell mittels Gradienten, schon in sehr frühen Stadien eine bestimmte proximo-distale Spezifikation erfahren und die Entwicklung, zeitlich unabhängig, diesem vorbestimmten Ablauf folgt. Hierbei werden unabhängige Zellen für Stylopod, Zeugopod und Autopod angelegt (Dudley et al. 2002, Sun et al. 2002).

1.3.2 Retinsäure

Abbildung 3: *all trans* **Retinsäure**

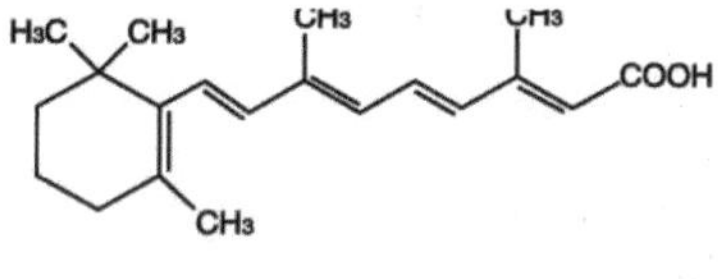

Die Retinsäure (RA), ein hydrophobes, verhältnismäßig kleines Molekül, ist ein Derivat von Vitamin A. Bei der Signalübertragung in der Extremitätenentwicklung spielt es eine wichtige Rolle. Es kann durch Membranen diffundieren und bindet an intrazelluläre Rezeptoren. Ursprünglich wurde RA als entscheidendes Signalmolekül in der Entwicklung der Extremitätenknospe identifiziert, weil exogene Zugabe von RA, in der sich regenerierenden Axolotl-Extremität, Duplikationen erzeugt (Maden 1982). Außerdem resultiert die anteriore Stimulation mit RA in anterior-posterioren Duplikationen (Tickle et al. 1982). Die Signaltransduktion via RA scheint zu zwei verschiedene Zeitpunkten essentiell zu sein (Mic et al. 2004). Während der frühen Entwicklung ist RA ausschlaggebend für die Initiation der Knospe aus dem lateralen Plattenmesenchym. In der späteren Entwicklung hingegen, ist die Hauptaufgabe von RA scheinbar die Definition eines proximo-distalen Signals zur Ausbildung der AER und der Induktion von *Shh* (Niederreither et al. 2002). Die spätere Funktion ist abhängig von der RA-vermittelten Aktivierung von Hox-Genen, die dann wiederum *Shh* anschalten (Lu et al. 1997). Aktive RA wird von drei Retinaldehyd-Dehydrogenasen (Raldh1-3) produziert; Enzymen, die den zweiten oxidativen Schritt in der Biosynthese von RA aus Retinol katalysieren (Zhao et al. 1996). Während der frühen Mausembryogenese ist in der Extremität ausschließlich Raldh2 verantwortlich für die Synthese von RA, und damit für die Signaltransduktion via RA. Dies wurde durch Embryonen gezeigt, bei denen *Raldh2* inaktiviert wurde und die keinerlei Extremitäten entwickeln (Mic & Duester 2003, Niederreither et al. 2002). Drei Arten von RA Rezeptoren vermitteln die Signaltransduktionskaskade, RARα, RARβ und RARγ. Von den natürlich vorkommenden Retinoiden ist *all-trans* RA das wirksamste und aktiviert alle drei Rezeptoren (Allenby et al. 1993). Wenn RA an einen Rezeptor bindet bilden sich Heterodimere mit weiteren Rezeptoren und diese Dimere binden an „retinoic acid response elements" (RAREs) in der DNA. Diese Bindung sorgt dann für das Anschalten der Transkription.

Neben ihrer Bedeutung für die frühe Musterbildung wurde gezeigt, dass RA auch eine Rolle für die Regulation der Chondrogenese spielt. Der Verlust von RA-vermittelter Signalübertragung zog einen Defekt in der Chondroblastenbildung nach sich (Hoffman et al. 2006). Zum Teil kommt dieser Defekt vermutlich über Interaktionen mit Sox9 zustande, das notwendig für die Knorpelbildung ist (Weston et al. 2000, Weston et al. 2002). RA wirkt dem chondrogenen Effekt von BMPs entgegen, wobei eine Rückkopplung mit Bmp4 besteht, die wiederum *Raldh2* reguliert (Hoffman et al. 2006).

Abbildung 4: Signaltransduktion, vermittelt durch RA

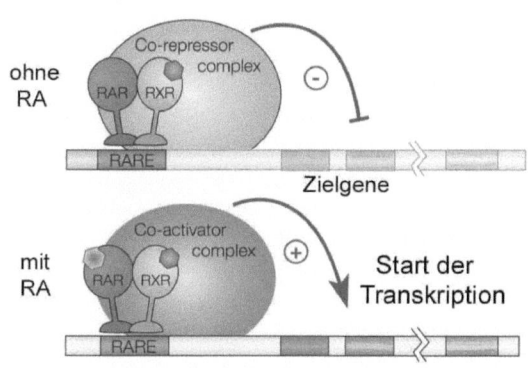

RAR/RXR Heterodimere übermitteln RA-Signale. In Abwesenheit des Liganden (RA) ist das Heterodimer an RAREs in der DNA und Co-Repressoren gebunden; die Transkription wird unterdrückt. Wenn RA an das Dimer bindet, induziert dies eine Konformationsänderung, somit den Austausch von Repressoren zu Aktivierungskomplexen und führt zum Anschalten der Transkription.

Bild nach Marlétaz et al. 2006

1.3.3 Knochenentwicklung

Innerhalb der Organogenese differenzieren mesenchymale Vorläufer zu Chondrozyten oder Osteoblasten. Es bestehen zwei verschiedene Arten der Verknöcherung, die desmale und die endochondrale Ossifikation.

Desmale Ossifikation

Hierbei entsteht der Knochen direkt aus dem Mesenchym, dies ist beim Schädeldach, Teilen des Gesichtsschädels und dem Schlüsselbein der Fall. Die Mesenchymzellen kondensieren und bilden Vorläuferzellen, die wiederum zu Osteoblasten differenzieren und dann die Knochensubstanz aufbauen, die schlussendlich mineralisiert.

Chondrale Ossifikation

Bei dieser indirekten Art der Verknöcherung entstehen aus dem Mesenchym zunächst knorpelige Elemente, die im Verlauf der Entwicklung verknöchern. Bei der endochondralen Verknöcherung kondensieren mesenchymale Zellen zu Chondroblasten. Chondroblasten differenzieren zu reifen Chondrozyten und bilden die Knorpelanlagen. Die umgebenden Zellen bilden das Perichondrium. Mittig der

Knorpelanlage beginnen die Chondrozyten zu differenzieren und werden hypertroph, was morphologisch mit einer Volumenzunahme einhergeht. Im weiteren Verlauf wachsen in das entstandene Knorpelgewebe Blutgefäße ein, Mesenchymzellen aus der Umgebung differenzieren zu Osteoblasten und sorgen für das Längenwachstum.

Bei der perichondralen Ossifikation hingegen werden Osteoblasten vom Periosteum abgesondert, die sich ringförmig um die Knorpelanlage legen, kortikalen Knochen aufbauen und so für das Dickenwachstum verantwortlich sind. Bei beiden Formen der Ossifikation sondern die Osteoblasten Osteoid ab, wobei Kalksalze eingelagert werden und die Osteoblasten schließlich zu Osteozyten differenzieren. Von außen dringen Osteoklasten ein, die Proteine sezernieren, die die Knorpelmatrix auflösen und so ein Höhlung schaffen.

Abbildung 5: Schematische Darstellung der endochondrale Ossifikation

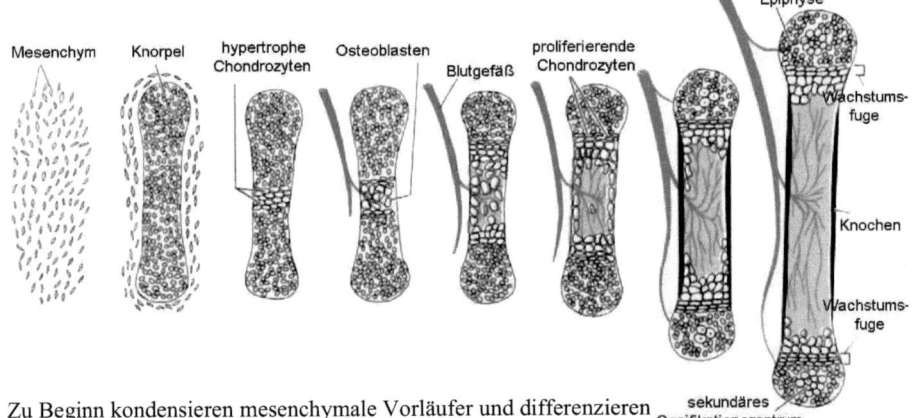

Zu Beginn kondensieren mesenchymale Vorläufer und differenzieren zu Chondrozyten, die die Knorpelanlage bilden und vom Periosteum umgeben werden. Die Chondrozyten im späteren Knochenschaft werden hypertroph. Durch Apoptose entsteht eine Höhlung und es wandern Blutgefäße, sowie Osteoblasten und Osteoklasten vom Perichondrium aus ein. Die Knorpelmatrix wird abgebaut. Es entstehen trabekulärer Knochen, kortikaler Knochen und eine Knochenmarkshöhle. In der Epiphyse bilden sich sekundäre Ossifikationszentren.

Darstellung nach Gilbert, 1994

1.4 Hox-Gene

1.4.1 Entstehung und Allgemeines

Hox-Gene gehören zu einer evolutionär hoch konservierten Gruppe von Transkriptionsfaktoren, deren Gemeinsamkeit das Vorhandensein einer Homeodomäne darstellt, einer 180 Basenpaar langen Sequenz, die für ein Helix-Schleife-Helix-Motiv codiert und an DNA bindet. Die Bezeichnung Homeodomäne leitet sich vom griechischen „gleichartig" ab. Veränderungen in diesen Genen können zu einer homeotischen Transformation führen, die beinhaltet, dass ein Körpersegment seine Eigenschaften verliert und den Charakter einer benachbarten Region übernimmt. Innerhalb des Genoms sind die Hox-Gene in Clustern organisiert. In *Drosophila* ist nur ein Cluster aus acht Genen vorhanden, das in zwei Gruppen, den Antennapedia-Komplex und den Bithorax-Komplex unterteilt wird. Säuger hingegen besitzen vier Hox-Cluster, unterteilt in A, B, C und D, die insgesamt 39 Gene umfassen und auf den Chromosomen 6, 11, 15 und 2 liegen.

Vermutlich entstanden diese vier Cluster ausgehend von einem ursprünglichen Hox-Cluster durch mehrere Duplikationsereignisse, einhergehend mit dem Verlust einzelner Gene. Rückführend auf die Duplikationen lassen sich die 39 Hox-Gene der Säuger in 13 paraloge Gruppen aufteilen, deren Sequenzähnlichkeit untereinander größer ist, als innerhalb des Cluster. Die Expression dieser Gene folgt dem Prinzip der räumlichen und zeitlichen Kolinearität, das beinhaltet, dass die Gene, die sich an den 3′ Enden der Cluster befinden, früher und weiter anterior im Embryo exprimiert werden, als die am 5′ Ende gelegenen posterior exprimierten Gene (Duboule & Dollé 1989, Krumlauf 1994). Außerdem folgen die Hox-Gene im Extremitätengewebe noch einer weiteren Kolinearitätsregel. Diese beinhaltet, dass die am weitesten posterior gelegenen Gene am stärksten exprimiert werden und die Stärke der Expression zum 3′Ende hin abnimmt (Kmita et al. 2002)

Einleitung

Abbildung 6: Darstellung der Hox-Cluster

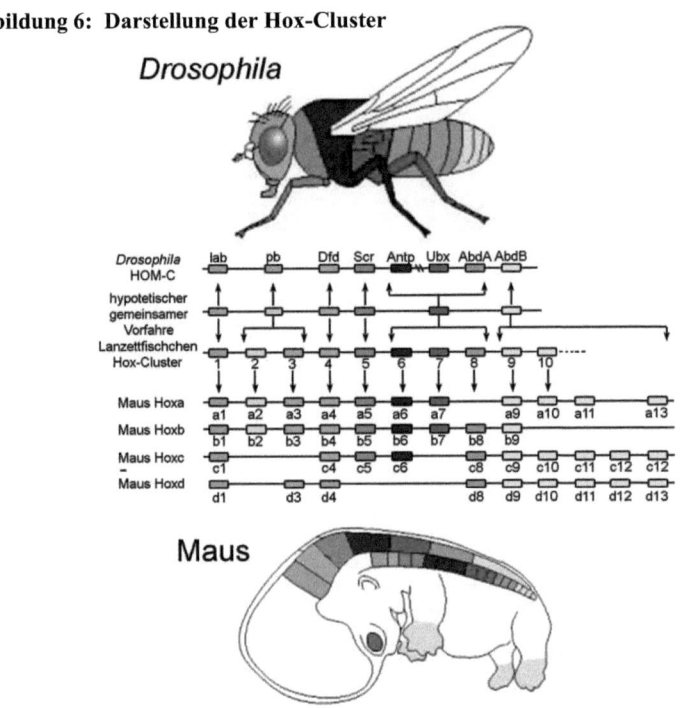

Verglichen werden die Cluster aus *Drosophila*, Lanzettfischchen und Mäusen mit einem hypothetischen Ursprungscluster. In der Fruchtfliege wurde das Cluster in Antennapedia- und Bithorax-Komplex unterteilt. Während der Evolution verdoppelten sich einzelne Gene, sowie das gesamte Cluster mehrfach. Insgesamt entstanden so vier Cluster deren Gene sich in 13 paraloge Gruppen aufteilen lassen. Die Expression der Gene ist entlang der primären Körperachse dargestellt und folgt dem Prinzip der räumlichen und zeitlichen Kolinearität.

Bild nach Alberts, 2002

1.4.2 Hox-Gene während der Musterbildung

Die Expression der Hox-Gene entlang der primären Körperachse bestimmt die anteriore oder posteriore Identität der Somiten. Dabei erhalten mesodermale Zellen Positionswerte entsprechend ihrer jeweiligen Position auf der Längsachse. Besonderes Merkmal dabei ist eine scharf abgegrenzte anteriore Grenze und eine wesentlich diffusere posteriore Grenze, wobei es Überlappungen in der Expression der einzelnen Gene gibt (Wellik 2007). Auch in der Extremitätenentwicklung spielen Hox-Gene eine wichtige Rolle bei der Anlage der verschiedenen Achsen in der Musterbildung. Dabei verändern sich die Stärke und die Region der Expression im Laufe der Entwicklung, die in drei Phasen eingeteilt werden kann. In der frühen Entwicklung werden die posterioren Hoxd-Gene 9-13 in der gesamten Knospe exprimiert. Gemäß der Kolinearität werden *Hoxd9* (Fromental-Ramain et al. 1996a) und *Hoxd10* zuerst und proximal exprimiert, später dann *Hoxd11* (Wellik & Capecchi 2003), *Hoxd12* und *Hoxd13*, die den posterioren Teil definieren und weiter distal exprimiert werden. Ein ähnliches Muster gilt für die 5´ Hoxa-Gene 9-13, die graduell von proximal zu distal exprimiert werden.

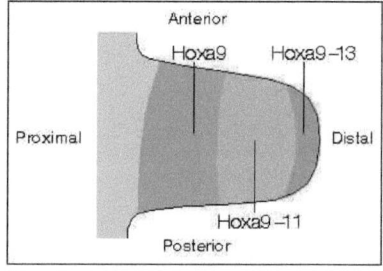

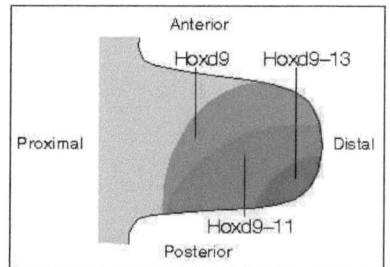

Abbildung 7: Frühe Expression der Hox-Gene
Während der Ausknospung der Extremität werden die 5´ Hoxa-Gene proximal nach distal exprimiert. Die Hoxd-Gene folgen einem anterior-posterioren Muster. Dabei werden gemäß der Kolinearitätsregel die weiter 3´ gelegenen Gene früher und mehr proximal respektive mehr anterior exprimiert.
Bild aus Wolpert, 1999

In den verschiedenen Geweben der Extremitätenknospe spielen die diversen Hox-Gene zu unterschiedlichen Zeitpunkten verschiedene Rollen. So findet man im sehr frühen Knospenstadium nur *Hoxd9* und *Hoxd10* im Stylopod, während sich der Zeugopod zu einem späteren Zeitpunkt, also auch durch die kombinierte Expression mehrerer 5´ Hox-Gene entwickelt. Bei der zuletzt stattfindenden Anlage des Autopods spielen primär Hoxd10-Hoxd13 eine Rolle. Diese

Einleitung

Beobachtung stimmt überein mit verschiedenen Defekten in unterschiedlichen Mausmutanten, die die beschriebene These belegen. So haben Mäuse, denen sowohl *Hoxa9* als auch *Hoxd9* fehlt, den Humerus betreffende Defekte (Fromental-Ramain et al. 1996a). Wenn beide Hox10-Gene inaktiviert werden, wurde ein Phänotyp beobachtet, bei dem Form und Lage von Tibia und Fibula beeinflusst sind (Wahba et al. 2001), wenn allerdings beide Hox11-Gene ausgeschaltet werden fehlen Radius und Ulna gänzlich (Davis et al. 1995, Boulet & Capecchi 2004). Schlussendlich liefern diverse weitere Mutanten Aufschluss darüber, dass die posterioren Hoxd11-d13-Gene, im Zusammenspiel mit Hoxa13, die Fingerentwicklung steuern (Dollé et al. 1993, Davis & Capecchi 1996, Zákány et al. 1997).

Abbildung 8: Zuordnung der Hox-Gene zu Extremitätenelementen

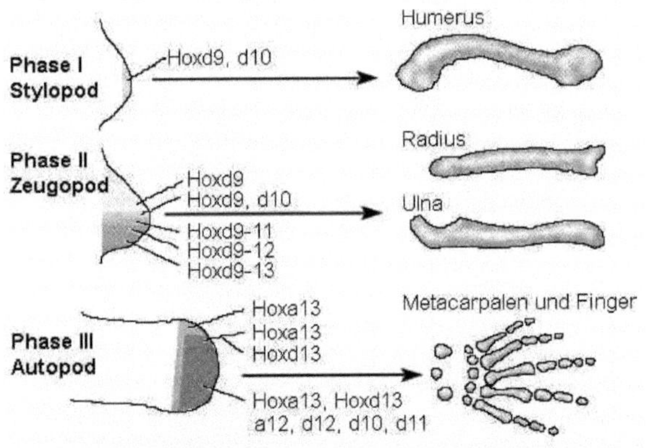

Das Muster der Hox-Gene verändert sich entlang der proximo-distalen Achse. In drei Phasen werden die verschiedenen Extremitätenelemente angelegt. Die verschiedenen Phasen sind korreliert mit unterschiedlichen Expressionsregionen der posterioren Hox-Gene.

Bild nach Gilbert, 2006

1.4.3 Die Regulation der Hox-Gene

Um die Funktion der Hox-Gene vollständig zu verstehen, ist es essentiell, heraus zu finden wie diese kontrolliert werden und ihre Rolle in einem Netzwerk zu verstehen. Dies ermöglicht auch ihre Bedeutung im Bezug auf Krankheiten zu begreifen. In den zurückliegenden Jahren wurde viel geforscht, um die Bedeutung der Hox-Gene während der Entwicklung und der Musterbildung zu beleuchten.

Dabei war von großem Interesse die Kolinearität zu erklären, die durch die Aktivität von verschiedenen Regulationsmechanismen zustande kommen muss. Vermutlich bildet bei der Kontrolle der Hox-Gene ihre Anordnung in Clustern eine entscheidende Rolle, wobei genaue Mechanismen noch nicht eindeutig aufgeklärt sind. Die Beobachtung, dass die posterioren Hoxd-Gene auf ähnliche Art und Weise in den Fingern angeschaltet werden, legt nahe, dass diese Gene von einem gemeinsamen „Digit Enhancer" reguliert werden, der die zeitliche und räumliche Expression während de Entwicklung steuert (van der Hoeven et al. 1996, Spitz et al. 2003). Ein weiterer Aspekt in der Musterbildung ist die posteriore Expression von *Shh*. Es wurde gezeigt, dass eine Zerstörung der Kolinearität zu einem Verlust der Asymmetrie in der Hand führt und dass die *Hox* Expression auch die Expression von *Shh* steuert. Daher wird angenommen, dass eine frühe posteriore Beschränkung der Hox-Gene ein sehr frühes anterior-posteriores Muster festlegt, das dann die lokale Aktivierung von *Shh* bestimmt. *Shh* wiederum steuert die spätere *Hoxd* Expression und ist ein entscheidender Faktor zur Bestimmung der Anzahl und Identität der verschiedenen Finger (Zákány et al 2004, Tarchini et al 2006). Kürzlich veröffentliche Arbeiten betonen ebenfalls, dass Hox-Gene sowohl einen Einfluss auf die *Shh*-Aktivierung, als auch auf die Aufrechterhaltung des anderen zentralen Zentrums der Musterbildung, der AER, haben. Die Hoxd-Gene interagieren mit Gli3 um die AER aufrechtzuerhalten, wobei vermutlich FGF10 als Vermittler für die Hox abhängige Ausdehnung der AER ist (Zakany et al. 2007).
Bereits länger zurückliegend wurden zwei Kontrollregionen für die Hoxd-Gene gefunden, die sich 5′ und 3′ des Clusters befinden (Kmita et al. 2000, Kmita et al. 2002, Spitz et al. 2003).
In der frühen Entwicklungsphase wird die Expression der Hox-Gene von der „early limb control region" (ELCR) kontrolliert, die sich am 3′ Ende des Cluster befindet. Gemäß der Kolinearität werden, abhängig vom Abstand der Gene zur Kontrollregion, nahe gelegene Gene stark und ubiquitär in der Knospe exprimiert,

wohingegen weiter entfernte Gene schwächer und weiter posterior exprimiert werden (Zákány et al. 2004).

Auf der 5´ Seite des Clusters wurde eine Region identifiziert, die eine Anreicherung globaler Enhancer enthält. Sie ist in der Lage verschiedene Gene zu regulieren, die in Struktur und Funktion nicht verwandt sind. Diese „global control region" (GCR) enthält auch den „Digit Enhancer", der die Expression von Hoxd10-Hoxd13 reguliert (Spitz et al 2003). Auch dieser Enhancer folgt der Kolinearitätsregel. Die Expressionsstärke ist in diesem Fall abhängig vom Abstand der Gene zum Enhancer (Kmita et al. 2002).

Auch RA hat einen Einfluss auf die Expression von Hox-Genen. Die Verminderung von RA in der Extremitätenknospe führt zu einer vorzeitigen und ektopen Expression von Hox-Genen (Niederreither et al. 2002). Außerdem wurde gezeigt, dass die Transkription von Hox-Genen über RAREs und RA aktiviert wird und dass darüber die kolineare Aktivierung in Zellen vermittelt wird (Serpente et al. 2005, Simeone et al. 1990). Somit spielt RA eine Rolle in der sequentiellen Regulation von Hox-Genen in der Extremitätenknospe, indem es die anterioren Hox-Gene fördert und die posterioren hemmt (Zákány et al. 1997).

1.5 Handfehlbildungen

Angeborene Fehlbildungen der Extremitäten sind verhältnismäßig häufig, wobei die Häufigkeit sich durch die hohe Komplexität des Skeletts erklärt, das von einer Vielzahl von Einzelfaktoren, sowie deren Zusammenspiel gebildet wird. Die Handfehlbildungen können sowohl genetisch bedingt sein, als auch durch äußere Einflüsse zustande kommen.

1.5.1 Polydaktylie

Der Name dieser Fehlbildung leitet sich vom griechischen „poly" für viel und „dactylos" für Finger ab. Mit „Vielfingrigkeit" bezeichnet man eine erblich bedingte, angeborene Fehlbildung der Hand- bzw. Fußgliedmaßen in Vertebraten.

Bei vielen Krankheitsbildern tritt eine Polydactylie als Symptom auf, so z.B. bei dem Laurence-Moon-Bardet-Biedl Syndrom. Zusätzliche Finger oder Zehen können oft operativ entfernt werden.

1.5.2 Syndactylie

Diese angeborene Fehlbildung der Extremitätenglieder ist durch Verwachsungen bzw. durch Nichttrennungen von Finger- oder Zehengliedern charakterisiert. Meist entstehen diese Verwachsungen zufällig, teilweise sind Syndactylien aber auch Symptome bestimmter, genetisch bedingter Syndrome.

1.5.3 Synpolydactylie (SPD) durch Mutationen in Hoxd13

Diese angeborene Fehlbildung bezeichnet das gleichzeitige Auftreten einer Polydactylie zusammen mit einer Syndactylie. Eine der verschiedenen Synpolydactylien wird durch eine Mutation im Hoxd13-Gen verursacht. Es handelt sich dabei um die erste beschriebene Mutation in einem Hox-Gen und sie löst eine dominant vererbte Fehlbildung der distalen Extremitäten aus. Patienten haben Fusionen (Syndactylie) zwischen dem 3. und dem 4. Finger bzw. dem 4. und 5. Zeh, sowie zusätzliche Finger oder Zehen (Polydactylie). Der genaue klinische Phänotyp wurde bereits mehrfach beschrieben (Muragaki et al. 1996, Goodman et al. 1997). Bei der zugrunde liegenden Mutation handelt es sich um die Verlängerung eines N-terminal im ersten Exon liegenden Alaninrepeats. Üblicherweise umfasst dieser Repeat 15 Alanine. In Patienten ist dieser jedoch um zusätzlich 7-14 Alanine verlängert, wobei die Länge der Expansion mit der Penetranz und Schwere des Phänotyps korreliert ist (Goodman et al. 1997). Diese Übereinstimmung zwischen Mutation und Krankheitsbild bestätigt sich, wenn man die deutlich schwerer betroffenen homozygoten Individuen betrachtet (Akarsu et al. 1996).

Einleitung

Abbildung 9: Hoxd13-assoziierte Synpolydactylie (SPD)

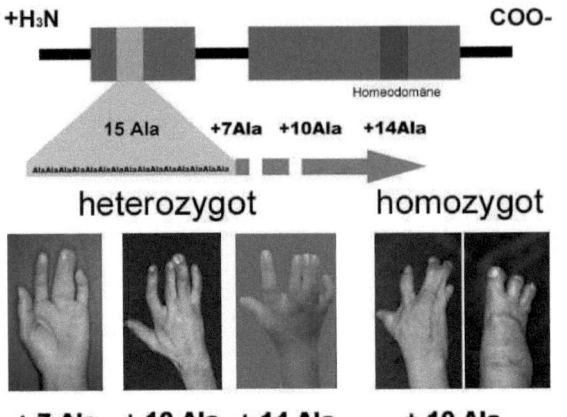

Der Transkriptionsfaktor Hoxd13 besteht aus zwei Exons, wobei N-terminal in Exon1 ein Alaninrepeat von 15 Alaninen zu finden ist. Wenn dieser Alaninrepeat um zusätzliche Alanine verlängert ist, entwickeln Patienten eine Fehlbildung der distalen Extremitäten, Synpolydactylie. SPD ist dominant vererbt und ein besonderes Merkmal ist, dass die Länge der mutierten Expansion mit der Schwere des ausgebildeten Phänotyps korreliert ist, wie die Photographien der Patientenhände verdeutlichen.

In verschiedenen Transkriptionsfaktoren wurden ähnliche Mutationen beschrieben, die alle in Expansionen von Alaninrepeats resultieren (Albrecht & Mundlos 2005). Für einige dieser Mutationen ist als Krankheitsauslöser ein Funktionsverlust des Proteins anzunehmen. In diesen Fällen sorgt die Verlängerung der Expansion vermutlich für eine Degradierung des falsch gefalteten Proteins (Albrecht et al. 2004). Bei der Mutation in *Hoxd13*, die SPD verursacht, kann es sich hingegen nicht um einen reinen Funktionsverlust handeln, da eine Maus-Mutante ohne funktionierendes Hoxd13 einen deutlich milderen Phänotyp ausbildet, der keine zusätzlichen Finger oder Fusionen aufweist (Bruneau et al. 2001). Eher müsste es sich um einen dominant negativen Effekt des mutierten Proteins handeln, möglicherweise auch mit direktem Einfluss auf die anderen Hox-Gene, worauf diverse Verpaarungsstudien mit anderen Hox-Mutanten hinweisen (Bruneau et al. 2001, Fromental-Ramain et al. 1996b, Zákány & Duboule 1996). Weiterhin wurde bereits gezeigt, dass poly-Alanin Mutationen, ab einer bestimmten Länge, nicht mehr degradiert werden, sondern im Cytoplasma aggregieren, nicht mehr in den

Kern translozieren und somit andere Proteine beeinflussen, indem diese in den Aggregaten haften, bzw. deren Funktion als Transkriptionsfaktor nicht mehr erfüllt wird (Albrecht et al. 2004).

Die Spezifität der Mutation wurde abermals bestätigt durch die Identifikation einer Mauslinie, die eine Mutation in *Hoxd13* trägt und einen SPD Phänotyp aufweist. In dieser Linie handelt es sich um eine rezessive, spontan entstandene Mutation, die eine Verlängerung des Alaninrepeats um sieben zusätzliche Alanine nach sich zieht und daher „synpolydactyly homolog" (*spdh*) genannt wurde (Johnson et al. 1998).

In dieser Arbeit wurde die Mauslinie *spdh* untersucht, um weiter zu erforschen, wie die Entwicklung der Hand als solche vonstatten geht. Besonderes Augenmerk lag dabei darauf, zu beleuchten, wie es zur Fehlbildung des Skeletts in den äußeren Extremitäten kommt, die durch die Mutation in *Hoxd13* verursacht wird.

2. Zielsetzung

Im Rahmen dieser Arbeit sollte durch verschiedene Ansätze im Wesentlichen dazu beigetragen werden, den Pathomechanismus der *Hoxd13*-assoziierten Synpolydactylie aufzuklären.

Nachdem die Mutation in *Hoxd13*, mit verlängertem Alaninrepeat, zu einem schwereren Phänotyp führt, als die Mutante mit inaktiviertem *Hoxd13* zeigt, muss davon ausgegangen werden, dass es sich um einen dominant negativen Einfluss des mutierten Proteins auf andere Proteine handelt. Bindungspartner, Regulatoren oder Zielgene dieser Familie von Transkriptionsfaktoren sind zwar viel erforscht, aber dennoch weitestgehend unbekannt. Der Anspruch bestand folglich darin, Kandidaten zu finden, die von mutiertem *Hoxd13* beeinflusst sind, während der Embryonalentwicklung eine tragende Rolle spielen und diese, im Zuge der veränderten Hoxd13 Proteinstruktur, nicht mehr erfüllen können; und somit einem Pathomechanismus zugrunde liegen, der zu der erblichen Skelettfehlbildung führt.

In dieser Arbeit wurde mit der Mauslinie *spdh* als Modellorganismus für SPD gearbeitet. Sowohl auf RNA- als auch auf Proteinebene wurde nach Kandidaten gesucht, und die Ausgewählten in verschiedensten Analysen *in vitro* und *in vivo* bezüglich ihrer Funktion detaillierter untersucht.

Dabei galt zum einen weiter zu beleuchten wie die Musterbildung in der Hand genau abläuft, welche molekularen Prozesse bei der Differenzierung von Knorpel zu Knochen und der Skelettanlage in der Hand grundsätzlich notwendig sind und *Hoxd13* als wichtigen Faktor in diese Verläufe besser einzugliedern. Und zum anderen stand als Ziel das Finden von einzelnen Interaktionspartnern oder gesamten Signalwegen, die nachfolgend auf das Vorhandensein von mutiertem *Hoxd13*, ihre Funktion nicht mehr erfüllen können und somit der Fehlbildung zugrunde liegen. Dabei musste beachtet werden, dass die veränderte Embryogenese in der *spdh* Mutante und die zugrunde liegenden Mechanismen nicht nur auf das Fehlen von *Hoxd13* zurückzuführen sein können, das einfache Aufspüren von Zielgenen hierbei daher nicht ausreicht, sondern zur Erklärung der

Pathologie musste ein Ablauf gefunden werden, der von mutiertem Protein anders verändert wird, als vom Funktionsverlust.

Erst die Aussicht den zugrunde liegenden Pathomechanismus zu verstehen bietet möglicherweise in der Zukunft auch Chancen embryonal angelegte, erbliche Skelettfehlbildungen zu therapieren.

3. Material

3.1 Geräte

Gerät	Zusatzbezeichnung	Hersteller
Axio Cam	HRC oder MRC5	Zeiss
Binokular	MZ 12	Leica
Blotkammer	Transblot Semi-Dry	Bio-Rad
CO_2-Inkubator	Steri-Cycle HEPA Class 100	Thermo
Entwässerungsautomat	TP 1020	Leica
Einbettstation	EC 350-1/EC 350-2	Microm
Eismaschine	AF30	Scotsman
ELISA Reader	Spectra Max 250	Molecular Devices
Filmentwickler	Curix 60	Agfa-Gevaert AG
Gefrierschrank	-80 °C, Forma 906	Thermo
Geldokumentationssystem	Easy Win.32	Herolab
Gelelektrophorese-Zubehör	Schlitten, Kammern, Kämme	PeqLab
Elektroporator	Gene Pulser XCell	BioRad
Eierinkubator		Häreus
Heizblock	Ori-Block OV 3	Techne
Hybridisierungsofen	OV 2	Biometra
Kühlgefrierkombination	4 °C, -20 °C	Bosch
Laborwaage	FI1500	Fischer
Luminometer	1450 MicroBeta Trailux	Wallac
Magnetrührer	Combimag RET	IKA
Mikroskop	Fluoreszenz Axiovert 200	Zeiss
Mikrotom	Cool-Cut oder 2050 Supercut	Microm
Mikrowelle	8020	Privileg
Multikanalpipette	5-10µl, 3-300 µl	Eppendorf
Netzchen (WISH)	BD Falcon Cell Strainer	BD Bioscience
Plastikmesser	Edelstahl	Leica
Pipetten	10µl, 20µl, 200µl 1ml	Eppendorf
Photometer	Biophotometer	Eppendorf
PH-Meter	MP220	Mettler
Pipettierhilfe	Pipettboy acu	ISS Intergra Bioscience
Rocking Plattform		Biometra
Rollator	Roller Mixer SRT9	Stuart
Schüttler	G10 Gyrotory shaker	Scientific
Sequenzierer	Sequence Analyser 3100	AB Applied Biosystems
Sterilbank	HERA safe	Kendro
Stickstoffbehälter	Cryo Diffusion	Nalgene
Strom-/Spannungsversorger		Peqlab
Thermal Cycler	2720	AB Applied Biosystems
Thermomixer	Comfort, für 1,5 ml tubes	Eppendorf
Transilluminator		Hartenstein
UV-Dunkelkammer		Hormuth-Vetter
Vortex	Microspin FV-2400	Lab4you

Material

Gerät	Zusatzbezeichnung	Hersteller
Wasserbad	D1	Haake fisions
Zellzählkammer	Tiefe 0,100 mm; 0,0025 mm	Birker
Zentrifugen	Biofuge pico	Thermo
	3417R	Eppendorf
	RC-5 Superspeed	DuPont Instruments Sorvall
Ultrazentrifuge	L7.55	Beckman
Megafuge	1.0	Heraeus

3.2 Verbrauchsmaterialien

Material	Zusatzbezeichnung	Hersteller
8-tube Strip + caps	0,2 ml, MicroAmp™	AB Applied Biosystems
96 well plate	MicroAmp™ / Thermowell	AB, Costar®
96 well platte Luci		Wallac
Autoklavierband	Comply™	Steam
Beads	AGI-X2	Biorad
Deckgläschen		Leica
„Coverslips"	Polypropylenbeutel	Roth
Einbettförmchen	verschiedene Größen	Polysciences
Einfrierbox	Cryo 1°C Freezing Container	Nalgene™
Elektroporationsküvette		Biorad
Falcon-Röhrchen	15 ml; 50 ml	TPP® / Greiner
Glaspipetten	1 ml; 5 ml; 10 ml; 20 ml	Fortuna® Germany
Kisolfolie	Platzhalter und Isolierfolie	Dental Labor Henry Schein
Klingen	Sec35p Low Profile Blades	Microm
Kryoröhrchen	Cryo.S PP	Greiner
Küvetten	Polysterol	Roth
Neubauer Zellkammer	0,0025 mm	Marienfeld
Objektträger	SuperFrost®Plus	Menzel-Gläser
Pasteurpipette	3 ml	Brand Plastibrand
Pipettenspitzen	10µl, 200µl, 1000µl	Gilson, Eppendorf
Reaktionsgefäße	0,5 ml-; 1,5 ml-; 2 ml-tubes	Eppendorf
Röntgenfilm	Super RX Fuji Rays Film	Hartenstein
Transfer Membran (0,45µm)	Immobilon™-P	Millipore
Whatman Papier	Extra thick Blot Paper	Biorad
Whatman Trockenblöckchen	Schleicher & Schuell 556, 37x100mm	Firma: Th.Geyer
Zellkultur Testplatte	6-;12-; 24-; 96-; Loch	TPP®
Zellkulturflaschen / -schalen		TPP®
Zellkultur-Pipetten	Stripette®	Costar®
Zellsieb	40 µm Nylon	BD Falcon

3.3 Chemikalien

Bezeichnung	Hersteller
2-Methoxyethylacetat (MEA)	VWR
Aceton	Merck
Ammoniumsulfat $(NH_4)_2SO_4$	Merck
Ammoniumchlorid NH_4Cl	Merck
Acrylamid Mix 30% Rotiphorese Gel	Roth
Adenosintriphosphat (ATP)	Roche
Agarose	Invitrogen
Alcian Blue	Sigma
Alizarin Red	Sigma
Ampicillin	Bayer
Aprotinin 1 mg/ml	Sigma
APS	Sigma
Benzoylperoxid	Fluka
Blocking Reagenz	Roche
BM Purple	Roche
Boehringer's Blocking Reagent	Roche
Borsäure	Merck
Brillant Blau R250	Roth
Bromphenolblau	Merck
BSA	Sigma
Chloroform	Merck
Citral	Sigma-Aldrich
Collagenase	Sigma
DAPI	Invitrogen
DPBS (Zellkultur)	Lonza
Dextran Sulfat 40%	Sigma
Diethylpyrocarbonat (DEPC)	Sigma
Dinatriumhydrogenphosphat Na_2HPO_4	Merck
Dinatriumthiosulfat $(Na_2O_3S_2)$	Merck
Dispase	Gibco
Distilled Water, Bio Whittaker™	Cambrex
Disulfiram	Fluka
DMPT (N,N-Dimethyl-p-toluidin)	Merck
DMSO (Diemethylsulfoxid)	Merck
dNTPs	Fermentas
ECL- System	Roth
EDTA	Merck
Eisessig; 100% Essigsäure	Merck
Entellan	Merck
Eosin	Sigma-Aldrich

Essigsäureanhydrid	Merck
Ethanol; pro analysis	Merck
Ethidiumbromid-Lösung 10mg/ml	Roth
Ethylenglycolmonobutylether	Roth
Ficoll 400	Sigma
Fluoromount G	Southern Biotech
Formaldehyd	Merck
Formamid, pro analysis	Merck
Fötales Kälberserum (FCS)	Gibco™/ Biochrom AG
Gelatine	Merck
Glutaraldehyd 25%	Sigma
Glycerin	Merck
Glycin, pro analysis	Merck
Hämatoxylin	Sigma-Aldrich
Hanks Buffered Saline Solution	Biochrom AG
Hefeextrakt	Gibco
high pH-Puffer	Dako
Heparin	Sigma
HEPES	Calbiochem
HISS	Gibco
HydroMatrix	Micro-Tech-Lab
Isoamylalkohol	Merck
Isopropanol	Merck
Kaliumclorid (KCl)	Merck
Kaliumhydrogenphosphat (KH_2PO)	Merck
Kanamycin	Bayer
KOH	Merck
L-Glutamin	Cambrex
Magnesiumchlorid ($MgCl_2$)	Merck
Maleinsäure	Sigma
Mercaptoethanol	Fluka
Methanol, pro analysis	Merck
Methyl-Methacrylat	Polyscience
Milchpulver	Roth
Natriumacetat	Merck
Natriumbicarbonat ($NaHCO_3$)	Merck
Natriumcarbonat (Na_2CO_3)	Merck
Natriumcitrat-Dihydrat	Merck
Natriumchlorid (NaCl)	Merck
Natriumdeoxycholate	Sigma
Natriumdodecylsulfat (SDS)	Roth
Natriumhydroxid (NaOH)	Merck

Material

Natriumhydrogenphosphat (Na$_2$HPO$_4$)	Merck
Natronlauge	Merck
NBT/BCIP	Roche
Nonidet P40 (NP-40)	Fluka
Orange G	Sigma
Paraffin	Leica
Paraformaldehyd (PFA)	Merck
Penicillin/Streptomycin	Cambrex
Pepstatin 1mg/ml	Sigma
peqGold TriFast	peqLab Biotechnologie
Phenol	Roth
Pikrofuchsin	Morphisto
Polyviylpyrrolidon	Sigma
Proteinase K (stock 20 mg/ml)	Boehringer
Retinsäure	Sigma
Salzsäure (37 %)	Merck
Saponin	Roth
Select Agar	Gibco
Select Pepton	Gibco
Silbernitrat (AgNO$_3$)	Roth
Sucrose	Invitrogen
SYBR Green	Applied Biosystems
TEMED	Invitrogen
Tetracyclin	Bayer
Tetramisol	Sigma
Toluidin	Sigma
Triethanolamin (TEA)	Merck
Tris –Base	Merck
Triton X-100	Sigma
t-RNA (Typ III baker's yeast)	Sigma
Trypsin	Cambrex / Gibco
Tween20	Roth
Ultraclear	J.T.Baker
Wasserstoffperoxid 30%	Merck
Xylol	Roth
Zitronensäure	Merck

3.4 Puffer/ Lösungen

Puffer/Lösungen	Zusammensetzung
6x Ladepuffer für Agarosegele	15g Sucrose, 0.175g Orange G auf 50ml H_2O
10x DNA Polymerase Puffer	750 mM Tris HCl pH 8.8, 200 mM $(NH_4)_2SO_4$, 15 mM $MgCl_2$ mit H_2O auffüllen, → steril filtrieren
Citratpuffer (Immunhistologie)	2.94g Natriumcitrat-Dihydrat auf 1 l H_2O; pH 6
Coomassie Blau Entfärbelösung	25 % (w/v) Methanol, 10 % (w/v) Essigsäure
Coomassie Blau Färbelösung	0.25 % Brillant Blau R250, 40 % Methanol, 8 % Essigsäure
LB-Medium (Luria Bertami)	10 g select pepton, 5 g Hefeextrakt, 10 g NaCl; pH 7.4 → autoklavieren
PBS (10x)	80g NaCl, 2g KCl, 14.4g Na_2PO_4, 2.4g KH_2PO_4 → auffüllen auf 1l mit H_2O-DEPC; pH 7.4
PBST	PBS, 0.1% Tween20
4% PFA / PBS	40g PFA in 1l PBS durch Erhitzen lösen; pH 7.4
4% PFA / EDTA	40g PFA in 0.5 mM EDTA pH 7.4
Pfu-Puffer 10x mit $MgSO_4$	200 mM Tris/HCl pH 8.8; 100 mM $(NH_4)_2SO_4$; 100 mM KCl; 1mg/ml BSA; 1% TritonX-100; 20 mM $MgSO_4$
SDS-Puffer (tailtip)	0.85% SDS, 17 mM EDTA, 170 mM NaCl, 17 mM Tris/HCl; pH 7.5 + 200 µg/ml Proteinase K
TAE-Puffer	0.04M Tris, 5 mM Natriumacetat, 1mM EDTA; pH 8
5x TBE	54g Tris, 27.5g Borsäure, 20 ml 0.5 mM EDTA pH 8.0 → auffüllen auf 1l mit H_2O, autoklavieren
10x TBS-Puffer	300 ml 5M NaCl, 100ml 1M Tris; → auffüllen auf 1l mit H_2O-DEPC; pH 7.4
TSS (Transformation and Storage Solution)	LB-Medium, 10 % (w/v) PEG 3350 oder 8000, 5 % (v/v) DMSO, 20-50 mM $MgSO_4$ oder $MgCl_2$; pH 6.5
in situ **Hybridisierung**	
Acetylierungslösung	0.1 M TEA, 500 µl Essigsäureanhydrid auf 200 ml
ALP-Puffer	16 ml NaCl, 80 ml 1M Tris pH 9.5, 40 ml 1M Mg_2Cl, 4 ml 10%Tween20
Blocking Reagenz	10% BBR in 1x MABT
H_2O-DEPC	0.1% (v/v) DEPC, üN 37°C → autoklavieren
Hybridisierungspuffer	1 ml 1M Tris, 12 ml 5M NaCl, 200 µl 0.5M EDTA, 1.25 ml 20% SDS, 25 ml 40% Dextran Sulfat, 2ml Denhardt's, 2 ml tRNA, 50 ml Formamid → auffüllen auf 100 µl mit H_2O-DEPC
5x MABT	100 ml 1M Maleinsäure, 30 ml 5M NaCl, 10 ml 10%Tween20 → auffüllen auf 200 ml H_2O-DEPC
10x RNAse Waschpuffer	800 ml 5M NaCl, 100 ml 1M Tris, 100 ml 0.5M EDTA
20x SSC	175.3g NaCl, 88.2g Na-Citrat / 1l H_2O-DEPC; pH 7.0
50x Denhardt's Solution	1% Ficoll 400, 1% Polyvinylpyrrolidon, 1% BSA

Material

whole mount *in situ* Hybridisierung	
Alkalische Phosphatase Puffer	12 ml 5M NaCl, 30 ml 1M MgCl$_2$, 6 ml 10% Tween20, 60 ml 1M Tris pH9.5, 300 mg Tetramisol → auffüllen auf 600 ml mit H$_2$O
4%PFA / PBS/ 0,2% Glutaraldehyd	50 ml 4% PFA/PBS, 400 µl Glutaraldehyd, 500 ml 0.5M EDTA
Hybridisierungspuffer	25 ml Formamid, 12.5 ml 20x SSC, 25 µl Heparin, 500µl 10% Tween20 → auf 50 µl mit H$_2$O-DEPC
RIPA-Puffer	2.5ml SDS 10%, 15ml NaCl (5M), 5ml NP 40, 2.5g Deoxycholat, 1 ml EDTA (0.5M), 25 ml Tris (1M, pH 8) → auffüllen auf 500 ml mit H$_2$O-DEPC
RNase A-Lösung	50ml RNase-Lösung, 500µl 10mg/ml RNase-stock
Proteinase K Puffer	1 ml Tris pH 7, 0.1 ml EDTA (0.5 M) → add 500 ml H$_2$O- DEPC
PBST/Glycin	2 mg/ml Glycin
PBST/Tetramisol	500 mg Tetramisol auf 1 l PBST
SSC/FA/T	100 ml SSC (20x), 500 ml Formamid, 10 ml Tween20 (10%) → auffüllen auf 1l mit H$_2$O
Plastikeinbettung	
Gießlösung	200 ml entstabilisiertes MMA, 20 ml LPG, 1.1g Benzoylperoxid
MMA Infiltrationslösung (4°C, dunkel)	200 ml entstabilisiertes MMA (über Aluminiumoxid 60 Säule), 20 ml LPG, 0.66g Benzoylperoxid
Streckflüssigkeit	300 ml EtOH (70%), 200 ml Ethylenglycolmonobutylether
Schneidelösung	0.5% Triton
Skelettpräparation	
Alcian Blau Färbelösung	500 mg Alcian Blau; 800 ml EtOH 100%, 200 ml Eisessig
Alizarin Rot Färbelösung	50 mg Alizarion Rot in 1% KOH
Western Blot	
5x Laufpuffer	25mM Tris, 250mM Glycin; 0,1% (w/v) SDS
4x Proteinprobenpuffer	2ml 1M Tris, 4ml Glycerin, 2ml 20% (w/v) SDS, 400µl 1% Bromphenolblau, 600µl H$_2$O, 1ml 40x Reduktionsmittel (z.B. β-Mercaptoethanol); pH 7.5
10x Transferpuffer	29g Glycin; 58g Tris Base; 40ml 10% (w/v) SDS /l
1x Transferpuffer	100 ml 10x Transferpuffer, 200 ml MetOH → add 1l H$_2$O
Stripping-Puffer	7.5ml 1M Glycin, 2ml 10% (w/v) SDS / 50ml H$_2$O; pH 2.5
Zellkultur	
Alcian Blau Färbelösung	10g Alcian Blau + 100ml 1N HCl + 900ml H2O
Kahle's Fixativ	144.5 ml EtOH, 5 ml Formaldehyd, 19.5 ml Essigsäure → auffüllen auf 500 ml mit H$_2$O
Einfriermedium	3.5 ml Medium, 0.5 ml DMSO 10%, 1 ml FCS→ in dieser Reihenfolge pipettieren, da FCS sonst ausfällt
chMM Medium	DMEM:F12; 10% FCS; 0.2% CS; 1% Pen/Strep
mMM Medium	DMEM:F12; 10% FCS; 1% L-Glutamin; 1% Pen/Strep

3.5 Molekularbiologische Reaktionssysteme/ Kits

Bezeichnung	Hersteller
BigDye V3.1 Terminator Sequencing Kit	Applied Biosystems
DAB Kit	Vector Laboratories Inc.
DIG- RNA- Labeling Kit	Roche
Dual-Glo® Luciferase Assay	Promega
ECL Lösungen	Promega
Gel out Gel extraction Kit	A & A Biotechnology
Invisorb Spin PCRapid PCR Purification Kit	Invitek
Plasmid DNA Mini Kit	A & A Biotechnology
Plasmid DNA Purification Kit Nucleobond® AX (Midi; Maxi)	Machery- Nagel
RNeasy	Qiagen
SuperScript II	Invitrogen
TaqMan Reverse Transcription Reagents Kit	Applied Biosystems
Vectastain ABC Kit	Vector Laboratories Inc.

3.6 Enzyme

Alle verwendeten Enzyme wurden von MBI Fermentas (St. Leon-Rot) und New England Biolabs (Frankfurt) bezogen und laut Herstellerprotokoll angewendet.

3.7 Verwendete Bakterienstämme

Stamm	Herkunft	Besonderheiten
E. coli XL1 blue	Stratagene	
E. coli Top10	Invitrogen	
DY380	Labor Danny Chan, Hongkong	Red Gene zur Rekombination unter λ Repressor; 32°C Yu et al. 2000

3.8 Zelllinien

Bezeichnung		Medium
HEK 293T	Nierenzelllinie, human	DMEM, 10% FCS; 2% L-Glutamin; 1% Pen/ Strep
Cos1 / Cos7	Nierenzelllinie, Affe	DMEM, high Glucose, 10% FCS; 1% L-Glutamin; 1% Pen/ Strep
NG108-15	Neuroblastoma-Glioma Hybrid; Maus/Ratte	Cambrex#15-604D + 1.5g/l $NaHCO_3$ +0.1 mM Hypoxanthine + 0.016mM Thymidine, pH 7.4 → sterilfiltrieren

Material

3.9 Antikörper

Bezeichnung	Verdünnung	Spezies	Hersteller
anti-Hoxd13-Antiköper	IHC 1:1000	Kaninchen	Atsushi Kuroiwa
anti-HoxA13-Antikörper	ICC 1:1000	Kaninchen	Atsushi Kuroiwa
anti-Sox9-Antikörper	1:1000 / IHC 1:50	Kaninchen	Santa Cruz
anti-Caspase-Antikörper	IHC 1:200	Kaninchen	Cell Signaling
anti-ColI-Antikörper	IHC 1:20	Kaninchen	DSHB
anti-Actin-Antikörper	1:1000	Kaninchen	Abcam
anti-Flag M2 – Antikörper, monoclonal	1:1000	Maus	Sigma
anti-HA-Antikörper	1:1000	Kaninchen	Sigma
anti-HA-Antikörper, monoclonal	1:1000	Maus	Roche
verschiedene Alexa Fluor Antikörper			
anti-Kaninchen IgG Peroxidase Conjugate	1:1000	Affe	Sigma
anti-Maus IgG Peroxidase Conjugate	1:1000	Ziege	Calbiochem®
Anti-DIG Fab fragments ALP	ISH 1:2500	Schaf	Roche

3.10 Computerprogramme

Programm	Verwendung
Adobe Photoshop CS2	Bildbearbeitung
Amira 3.0	3D Modellierung
Axio Vision 4.6	Digitale Photographie
Axio Vision Outmess	Quantifizierung
Chromas	Sequenzanalyse
ClustalW	Multiple Sequence Alignment
DNA Star Seqman	Auswertung Sequenzen
EASY Win32	Geldokumentation
Ensembl Genome Browser	Datenbank
Excel	Auswertungen / Diagramme
NCBI	Datenbank
Primer3 Input	Primer Design
Vector NTI 10.0	diverse Sequnzanalysen
Windows2000; XP	Betriebssystem

3.11 Primer

Primer	Sequenz	Schmelzpunkt
Genotypisierung		
spdh for	acttgggacatggatgggct	59,4°C
spdh rev	cgctcagaggtccctgggta	63,5°C
Hoxd13BamHI for	cacttttggatccggggaacttcg	64,4°C
SV40 rev	ttcactgcattctagttgtgg	55,9°C
Cmvie71	attacggggtcattagttcatagcc	63°C
Cmvie351	gtaggaaagtcccataaggtcatgt	63°C
Hsp90 for	gggttcagcagtacagcattcacag	58,5°C
En2 rev	gactctcccatccactactcagtgc	57,1°C
Cre1 for	gagtgatgaggttcgcaaga	57,3°C
Cre2 rev	ctacaccagagacggaaatc	57,3°C
Inv1	ccaccctgctaaataaacgctg	60,3°C
Inv3	cccttccagagaaatgctgagc	62,1°C
d10 rev	ggttgcctcttttcctctgtctc	62,4°C
Hoxd13 KO 23	tgccaccctgctaaataaacgctg	62,7°C
Hoxd13 KO 24	acgactgcctgtttctaacggg	62,1°C
Hoxa13 KO 124	gtcgtctcccatccttcagacg	64°C
Hoxa13 KO 126	gtagattccatggaagagagagtccc	64,8°C
Hoxa13 KO 127	caatggccgatcccatattggctg	64,4°C
Cbfa11	cttgaaggccacgggcag	60,5°C
Mcbfa 3	agcgacctgagcccggtg	62,8°C
Neo5	tctggattcatcgactgtgg	57,3°C
Sondenklonierung		
EfnB2 for	aacactctccacagcacacg	59,4°C
EfnB2 rev	gtgcgcaaccttctcctaag	59,4°C
EphA3 for	tgtgacaccattgccaagat	55,3°C
EphA3 rev	aaatgcctccattttgcttg	53,2°C
EphB4 for	cttcccattggattgcactt	55,3°C
EphB4 rev	gaaccaggtgccctttaaca	57,3°C
Raldh2 for	atgggtgagtttggcttacg	57,3°C
Raldh2 rev	cctgctggaaggactcaaag	59,4°C
Meis for	cagaaaaagcagttggcaca	55,3°C
Meis rev	ttgacttcggatggttctcc	57,3°C
Tbx5 for	cagactggccttcagtctcc	61,4°C
Tbx5 rev	caacactcagcgaggcaata	57,3°C
Dlx3 for	agccccaacaacagtgactc	59,4°C
Dlx3 rev	gtagaactcctcgccgtctg	61,4°C
Rai14 for	cagcaactggacctgctaca	59,4°C
Rai14 rev	gaaggcaaaatgctctcctg	57,3°C
RXR alpha for	atcgacaccttcctcatgga	57,3°C
RXR alpha rev	ggactctgaacaggccaaga	59,4°C
RXR beta for	tcaagctcattggcgacac	56,7°C
RXR beta rev	gctcccatgatcatcagctt	57,3°C

Material

RAR alpha for	tctgagggcttggacactct	59,4°C
RAR alpha rev	accctctgtcaccatccaaa	57,3°C
RAR beta for	agcaagcctcacatgtttcc	57,3°C
RAR beta rev	tctttgccatgcatcttgac	55,3°C
mHoxd8 fw	aggatggagaccccaaaaag	57,3°C
mHoxd8 rev	gcgctgatcattaggaagttt	55,9°C
mHoxd9 fw	ctggttccagaaccgtagga	59,4°C
mHoxd9 rev	ctgtttgggaggctggatag	59,4°C
mHoxd10 fw	gaagaggtgcccttacacca	59,4°C
mHoxd10 rev	atcacttgcagcacgaacag	57,3°C
Sequenzierung		
Hoxd13 BamHI for	cactttttggatccggggaacttcg	64,4°C
Hoxd13 BamHI rev	gaggttccccggatccaaaagtggacac	69,5°C
Hoxd13-HindIII-for	attaagcttgccaccatgagccgctcgg	69,5°C
pSG rev	ggacaaaccacaactagaatgc	58,4°C
pSG for	tctgctaaccatgttcatgcc	57,9°C
Hoxa13 HinfI for	gtcctggcgagtcgcgccacg	69,6°C
Hoxa13 EcoRI for	atcgaattcatgacagcctccgtgctcctcc	70,8°C
Hoxa13 AlwNI rev	gccgagcagggactgcactgc	67,6°C
Hoxa13 XbaI rev	ggccgtctagattaactagtggtcttgag	66,7°C
Hoxa13 for4	aagcagtgcagtccctgctc	61,4°C
Hoxa13 rev3	ctataggagctggcgtctg	58,8°C
Real Time		
EfnA2_RT_for	tggaggtgagcatcaacgac	59,4°C
EfnA2_RT_rev	ccccgtagtgtgggcagtag	63,5°C
EfnA5_RT_for	ttgatgggtacagtgcctgc	59,4°C
EfnA5_RT_rev	cccatctcttgaaccctttgg	59,8°C
EfnB2_RT_for	gaaggagaatacccccgctgc	61,4°C
EfmB2_RT_rev	ttcacatcttggtctggtctgg	60,3°C
EphA3_RT_for	ggcttaacggcatgaggaca	59,4°C
EphA3_RT_rev	cgacgcctgtgaagatttcc	59,4°C
EphA4_RT_for	aaactcatccgcaatcccaa	55,3°C
EphA4_RT_rev	ggaactctccgaccctgtcc	63,5°C
EphB3_RT_for	ggactgcacaaggattctgacc	62,1°C
EphB3_RT_rev	aggccaggcatccaaaagt	56,7°C
EphB4_RT_for	gagtggcttcgagccatcaa	59,4°C
EphB4_RT_rev	cgctgcaaaactttcctcgt	57,3°C
Standardprimer		
CMV-for	cgcaaatgggcggtaggcgtg	65,7°C
BGH-rev	ccacagcacagcagagctagc	63,7°C
RVprimer3	ctagcaaaataggctgtccc	57,3°C
GLprimer2	ctttatgtttttggcgtcttcca	57,1°C
Sp6	catttaggtgacactatag	50,2°C
T7	taatacgactcactataggg	53,2°C

Material

Chromatin-Immunopräzipitation		
Primerpaar1 for	aatttaaacttgcaaactagatcacacat	58,2°C
Primerpaar 1rev	ccaggtcacatttatcatcactaaatg	60,4°C
Primerpaar 2for	gagtgctgtgtgcaaggtgg	61,4°C
Primerpaar 2rev	cccatccagctcacaggttc	61,4°C
Primerpaar 3for	aaccacagtgttaatttttgaaactga	57,4°C
Primerpaar 3rev	tcagtgtttgggttattttagaagtca	58,9°C
Primerpaar 4for	aaatctgcggtctcctccatt	57,9°C
Primerpaar 4rev	tcaccacgtgcacctctgtaa	59,8°C
Luciferase-Reporterkonstrukt		
Raldh2Prom for	gatcgctagcagccgaagatcatcctttc	68,1°C
Raldh2Prom rev	gatcagatcttgttgtagacccccagga	66,6°C

Die Promoter Konstrukte für Bmp2 (Abrams et al. 2004) und Bmp4, sowie Sp1, (Suzuki et al. 2003) wurden freundlicherweise von Melissa Rogers und Atsushi Kuroiwa zur Verfügung gestellt.

4. Methoden

4.1 Tiere

4.1.1 Mäuse

Die s*pdh* Mäuse stammen aus dem Jacksons Lab, Ben Harbor, ME, USA. *Spdh* ist eine spontane Mutation im Bl6C3-Hintergrund die in diesem Hintergrund erhalten wurde (Johnson et al. 1998). Homozygote Tiere erhielt man, indem heterozygote Tiere miteinander verpaart wurden, so konnten auch wt Geschwistertiere als Kontrollen genutzt werden. Die Hoxd11-d13 gefloxten Tiere (Zákány & Duboule 1996) stammen von Herrn Zákány und wurden bereits beschrieben. Die Prx1Cre-Tiere (Logan et al. 2002) exprimieren Cre-Rekombinase unter der Kontrolle des, für Extremitäten spezifischen, Prx1-Promotors. Die *Hoxd13*-null-allele (Dollé et al. 1993) und Hoxa13 knockout Mäuse wurden ebenfalls bereits beschrieben und wurden uns von Herrn Duboule überlassen. Die transgenen PrxHoxd13wt und PrxHoxd13^{+21Ala} wurden, nach Klonierung der entsprechenden Konstrukte, mittels Injektion in Oocyten erzeugt. Während die Expression von *Hoxd13* unter dem Prx1-Promotor letal ist, gibt es für das Hoxd13-Konstrukt mit zusätzlichen 21 Alaninen zwei stabile Linien, die beide den gleichen Phänotyp zeigen, daher ist ein Insertionseffekt des Transgens auszuschließen. Mäuse, die konstitutiv Hsp70 überexprimieren, (Marber et al. 1995) stammen von Herrn Dillmann, während Hsp90β defiziente Mäuse (Voss et al. 2000) von Peter Gruss zur Verfügung gestellt wurden. Alle Linien wurden über PCR Reaktionen genotypisiert, im Kapitel zur PCR im Einzelnen beschrieben sind. Bei Verpaarungen wurde der Tag des Vaginalplugs als Embryonalstadium E0.5 gewertet. Zur Genotypisierung wurde DNA aus Schwanzspitzen, Amnien oder Leber gewonnen. Die Züchtung aller verwendeten Mäuse wurde am institutseigenen Tierhaus freundlicherweise von Janine Wetzel, unter der Aufsicht von Dr. Ludger Hartmann, durchgeführt. Die Konstrukte für die transgenen Mäuse wurden von Dr. Albrecht kloniert und von I. Voigt im Tierhaus injiziert.

4.1.2 Hühnchen

Befruchtete SPF-Hühnereier wurden von der Tierzucht Lohmann bezogen.

Methoden

4.2 Histologie

4.2.1 Skelettpräparationen

Zur Anfertigung von Skelettpräparationen wurden neugeborene und andere erforderliche Tiere gehäutet, ausgenommen und das Präparat in 100% EtOH üN bei 4°C gelagert. Zwei Tage lang wurde mit Alcian Blue in 80% EtOH / 20% Eisessig gefärbt, danach einen Tag lang mit 50% EtOH gewaschen und anschließend mit Alizarin Red in 1% KOH für zwei weitere Tage gefärbt. Alcian Blue färbt die Polysaccharide im Knorpel blau, wohingegen Alizarin Red kalizifizierte, extrazelluläre Matrix, also Knochen, rot färbt. Die Tiere wurden mit 1%iger KOH Lösung verdaut und in aufsteigender Reihe in 80% Glycerin überführt und darin langfristig gelagert. Die photographische Analyse erfolgte mit einem Binokular und AxioVision 4.6 Software.

4.2.2 Paraffineinbettung

Um Extremitäten für die Paraffineinbettung vorzubereiten, wurden die Arme und Beine der gewünschten Stadien abpräpariert und direkt im Anschluss über Nacht in 4% PFA/PBS bei 4°C inkubiert. Wenn es sich um postnatale Stadien handelte, wurde mit 4%PFA/EDTA/PBS inkubiert um die Knochen zu dekalzifizieren. Am darauf folgenden Tag wurden die Präparate 2 mal 5 min in PBS gewaschen, danach für mindestens 1 h in 50% EtOH bei RT inkubiert und anschließend mindestens 2 h in 70% EtOH gelassen. Die weiteren, notwendigen Entwässerungsschritte und die Überführung in Paraffin geschahen mit Hilfe des Entwässerungsautomaten, mit dem hier beschriebenen Programm:

3 h 90% EtOH, 3 h 95% EtOH, 2 h mit Vakuum 100% EtOH, 2 h mit Vakuum 100% EtOH, 2 h mit Vakuum 100% EtOH, 15 min mit Vakuum UC, 15 min mit Vakuum UC, 30 min mit Vakuum UC, 3 h mit Vakuum UC/Paraffin, 3 h mit Vakuum Paraffin. Die nun im flüssigen Paraffin befindlichen Präparate wurden an der Einbettstation in Paraffin, in der gewünschten Position, eingebettet. Wenn die Blöckchen ausgehärtet waren, konnten die Extremitäten am Mikrotom geschnitten werden. Üblicherweise wurden für *in situ* Hybridisierungen und Immunhistologien 7μm dicke Schnitte angefertigt, die entweder seriell auf den Objektträger gezogen wurden oder auf 2-3 Objektträger verteilt wurden. Für histologische Anwendungen wurden ebenfalls 7 μm dicke Schnitte erzeugt, die auf mehrere Objektträger verteilt wurden. Nach dem Schneiden wurden die Objektträger bei 40°C gründlich getrocknet und zusätzlich üN bei 37°C in einem Trockenofen inkubiert. Lagerung der Schnitte war bei 4°C über mehrere Wochen möglich.

Methoden

4.2.3 Plastikeinbettung

Wenn postnatale Stadien mit Hilfe von Schnitten untersucht werden sollen, eignet sich die Einbettung in Plastik deutlich besser, als die in Paraffin. Plastik ist um ein Vielfaches stabiler als Wachs und ermöglicht so auch das Schneiden und Analysieren von kalzifiziertem Gewebe, bei einer grundlegend besser erhaltenen Struktur. Um Extremitäten für die Plastikeinbettung vorzubereiten wurden die Arme und Beine postnataler Stadien abpräpariert und direkt im Anschluss über Nacht in 4% PFA/PBS bei 4°C inkubiert. Bei der Fixierung in PFA bot sich an, die Gliedmassen mit doppelseitigem Klebeband zu fixieren, damit eine genaue Positionierung der Präparate gewährleistet war. Am darauf folgenden Tag wurden die Präparate 2 mal 5 min in PBS gewaschen, danach für mindestens 1 h in 50% EtOH bei RT inkubiert und anschließend mindestens 6 h in 70% EtOH gelassen. Es folgte eine vollständige Entwässerung in 80% EtOH, in 90% EtOH, in 100% EtOH, in 1:1 EtOH/Aceton, und erneut in 100% EtOH wobei alle Entwässerungs- und Infiltrationsschritte mindestens 6 h lang sein sollten. Abschließend wurden die Proben 2 mal für mindestens 2 h in Xylol gegeben und danach in Methyl-Methacrylat (MMA) Infiltrationslösung gegeben, nach 24 h wurde die MMA Infiltrationslösung gewechselt und die Proben weitere 24 h darin belassen. Eine Lagerung in der Infiltrationslösung war ebenfalls möglich.

Zum Giessen der Blöckchen wurden 100 ml Gießlösung mit 500 µl DMPT versetzt, dies beschleunigt den Zerfall des Benzoylperoxids und das MMA beginnt zu polymerisieren. Eine Probenkennung wurde, mit Bleistift, beschriftet und das Präparat, in der gewünschten Orientierung, in einem Polymerisationsgefäß mit Sekundenkleber fixiert. Das Gefäß wurde randvoll mit Gießlösung gefüllt, wobei der Sauerstoffeinschluss vermieden werden musste, um eine vollständige Polymerisierung zu sichern. In einem Exikator wurde für 10 min ein Vakuum angelegt und abschließend ließ man die Blöckchen üN aushärten.

Plastikschneiden

Die gehärteten Blöckchen wurden in Form geschliffen und am Mikrotom mit einem Stahlmesser erst in 10 µm Schnitten angetrimmt und dann 7 µm dick geschnitten. Während des Schneidens wurden sowohl das Blöckchen als auch die Klinge stets mit Schneidflüssigkeit feucht gehalten, um das Einrollen der Schnitte zu verhindern. Diese wurden auf Objektträger gezogen, 5 min mit Streckflüssigkeit überschichtet, mit Kisolfolie abgedeckt, die überschüssige Flüssigkeit ausgepinselt und die Objektträger dann in einem Whatman Trockenblöckchen getrocknet. Abschließend wurden die Objektträger in einem Presswerkzeug 24 h bei 58°C gepresst, bis sie vollständig getrocknet waren. Die Kisolfolie wurde vorsichtig abgelöst und die Schnitte konnten über mehrere Monate bei 4°C gelagert werden.

Methoden

Entplasten
Um den Kunststoff wieder aus dem Knochen zu entfernen und die zellulären Strukturen zugänglich zu machen, z.b. für histologische Anwendungen, mussten die Schnitte auf den Objektträgern wieder zugänglich gemacht werden. Dies erfolgte durch folgende Lösungsreihe. 3 x 10 min in MEA (jeweils 3 neue Lösungen, da sich viel Plastik löst), 2 x 8 min in UC, 2 x 2 min in 100% EtOH, 2 min in 90% EtOH, 2 min in 70% EtOH, 2 min in 50% EtOH, 2 x 5 min in H_2O bidest. Die jeweilige Anwendung erfolgte dann im wässrigen Milieu.

4.2.4 Hämatoxylin/Eosin Färbung (mit und ohne Alcian Blue Gegenfärbung)
Hierbei handelt es sich um eine histologische, weit verbreitete Färbemethode zur Untersuchung der Morphologie von Gewebe auf Paraffinschnitten. Die Färbung setzt sich aus zwei Einzelfärbungen zusammen. Hämatoxylin, ein natürlicher Farbstoff, färbt saure Strukturen, wie z.B. Zellkerne mit DNA und das endoplasmatische Reticulum. Eosin, ein synthetischer Farbstoff, färbt basische Strukturen, vor allem das Cytoplasma. Zur Vorbereitung wurden die Paraffinschnitte erst 2 x 15 min in UC entwachst dann 3-5 min in 100% EtOH, 3-5 min in 90% EtOH, 3-5 min in 70% EtOH, 3-5 min in 50% EtOH rehydriert und dann 5 min in H_2O gewaschen. Nach 3-7 min Hämatoxylin-Färbung wurde kurz in H_2O gespült und dann 10 min lang Leitungswasser über die Schnitte laufen gelassen. Dieser Schritt verändert den pH Wert dahingehend, dass das rötliche Hämatoxylin seinen typischen Blauton annimmt. Danach wurde 1 min lang mit Eosin gefärbt, gründlich mit H_2O 3 x 5 min gewaschen und mit einer aufsteigenden EtOH Reihe das Wasser wieder aus dem Gewebe verdrängt; 3-5 min 50% EtOH, 3-5 min 70% EtOH, EtOH, 3-5 min 90% EtOH, EtOH und 3-5 min 100% EtOH. Zuletzt wurde 3-5 min in UC geklärt und das Präparat in Entellan eingedeckelt. Auf diese Weise präparierte Schnitte können monatelang aufbewahrt und analysiert werden.
Optional konnte eine Gegenfärbung mit Alcian Blau erstellt werden, die die knorpeligen Strukturen im Gewebe färbt und so eine Orientierung in frühen Stadien der Entwicklung vereinfacht. Hierfür wurden nach der Rehydrierung die Schnitte für 30 min in einer wässrigen 1% Alcian Blue Lösung gefärbt, danach gründlich in H_2O gewaschen und im Anschluss erst die HE- Färbung angefertigt.

4.2.5 Toluidin - Färbung
Diese sehr einfache histologische Färbung von Gewebeschnitten, mit Hilfe von Toluidin, färbt Zellen und Kollagefasern blau und Knorpelmatrix rötlich violett. Die Vorbereitung der Paraffinschnitte bis in die wässrige Lösung entspricht der HE-Färbung. Hier wird 5 min in einer

Methoden

0,5%igen Toluidin-Lösung gefärbt, und letztlich entsprechend der HE-Färbung das Wasser wieder entzogen und in Entellan eingedeckelt.

4.2.6 Van Kossa - Färbung

Wenn Gewebe für Plastikschnitte vorbereitet wurde, wurden die Präparate nicht entkalkt, daher war als histologische Anwendung ebenfalls die Färbemethode nach van Kossa möglich. Hierbei wird spezifisch Calciumphosphat gefärbt. Durch den Einbau von Silber in das kalzifizierte Gewebe entsteht schließlich ein schwarzer Farbton. Gewebe, die nicht mineralisiert sind, erscheinen hellblau, Knorpel hingegen blau-violett. Eine Gegenfärbung mit Pikrofuchsin, zur Erfassung des Osteoids und des Bindegewebes, ermöglicht eine genaue Untersuchung der sich entwickelnden Knochenstrukturen.

Die Vorbereitung der Proben begann mit dem Entplasten. Wenn die Schnitte sich in der wässrigen Lösung befanden wurden sie für 3 min in 1% $AgNO_3$ auf der Wippe inkubiert, danach 3 x mit H_2O bidest für 2-3 min gewaschen, 10 min unter fließendem H_2O gewaschen und dann für 5 min mit Na_2CO_3 / 10% Formaldeyd inkubiert, wobei kontrolliert wurde, dass die braune Färbung sich durch Oxidation vollständig in eine schwarze Färbung des mineralisierten Gewebes umgewandelt hatte. Nach einem weiteren Waschschritt, für 10 min unter fließendem H_2O, wurde 5 min in 5% Dinatriumthiosulfat inkubiert und erneut für 10 min unter fließendem H_2O gewaschen. Zuletzt wurde mit Toluidin und Pikrofuchsin (30 min) gegen gefärbt, um eine möglichst kontrastreiche Histologie zu erhalten. Wichtig dabei ist, die kurze Toluidin-Färbung vor der Pikrofuchsin-Färbung durchzuführen. Nach den Färbeschritten wurde kurz in der aufsteigenden Ethanolreihe dehydriert, zuletzt in UC inkubiert und abschließend in Entellan eingedeckelt. Eine unbegrenzte Lagerung der Präparate ist möglich.

4.3 Mikrobiologie

4.3.1 Bestimmung der Bakteriendichte
Die Bakteriendichte in einer Flüssigkultur wurde mit Hilfe der optischen Dichte bestimmt. Die Extinktion der Flüssigkultur wurde bei einer Wellenlänge von 600 nm gemessen. Hierbei entspricht eine OD von 1, bei einer Schichtdicke von 1 cm, 8×10^8 Zellen/ml. Der zugeordnete Nullwert wurde hier mit LB-Medium eingestellt.

4.3.2 Flüssigkulturen von Bakterien
Um eine Übernachtkultur (ÜNK) herzustellen, wurden ca. 10 ml LB-Medium in einem Falcon-Röhrchen vorgelegt und, zur Selektion der Bakterien, ein Antibiotikum hinzugefügt. Ampicillin und Kanamycin jeweils in einer Konzentration von 50 µg/ml, Tetracyclin in einer Konzentration von 15 µg/ml. Zum Animpfen der ÜNK wurde, mit einer sterilen Pipettenspitze, Bakterienmaterial aus einer Glycerinkultur oder eine Bakterienkolonie von einer Agarplatte in das Medium überführt. Die Kultur wurde über Nacht bei 37°C geschüttelt.

4.3.3 Glycerinkulturen
Glycerinkulturen wurden hergestellt, um Bakterienstämme für längere Zeit aufzubewahren. Hierfür wurden 600 µl steriles 87%iges Glycerin mit 900 µl einer ÜNK vermischt, in Stickstoff eingefroren und bei -80°C gelagert. Für die spätere Herstellung einer Flüssigkultur wurde mit einer sterilen Pipettenspitze über die gefrorene Glycerinkultur gestrichen. Die Pipettenspitze, samt den anhaftenden Bakterien wurde in ein Falcon-Röhrchen mit LB-Medium, und gegebenenfalls AB, überführt.

4.3.4 Bakterienkulturen auf Agarplatten
Um Agarplatten herzustellen, wurde LB-Medium mit 1,5% Agar versetzt und das Gemisch anschließend autoklaviert. Unter Rühren ließ man die Lösung abkühlen und gab dann Antibiotikum, zur Herstellung von Selektionsplatten, hinzu. Ampicillin und Kanamycin wurden hier in der Endkonzentration 50 µg/µl, Tetracyclin hingegen mit 15 µg/µl verwendet. Der flüssige Agar wurde in sterile Petrischalen gegossen, so dass der Boden bedeckt war. Die Platten wurden umgedreht sobald der Agar erstarrt war, um zu verhindern, dass Kondenswasser auf den Nährboden auftropfte. So wurden die Platten üN bei RT aufbewahrt, um zu trocknen und auszukühlen. Danach konnten die Platten für 3-4 Wochen bei 4°C gelagert werden. Um aus einer Flüssigkultur eine Plattenkultur anzufertigen, wurden entweder 100-200 µl auf die Platte pipettiert und danach mit einem sterilen Drygalski-Spatel ausplattiert, oder Bakterien mit einer sterilen Impföse auf die Platte überführt und ausgestrichen.

Methoden

4.3.5 Herstellung chemo-kompetenter Bakterien

Bakterien, die mit Plasmiden transformiert werden sollen, müssen kompetent sein. Sie müssen also die Fähigkeit besitzen, DNA aus ihrer Umgebung aufnehmen zu können, wenn die Bedingungen dafür geeignet sind. Zahlreiche Bakterienarten besitzen eine natürliche Kompetenz, aber auch andere Arten können, durch die Modifikation der sie umgebenden Lipiddoppelschicht chemisch kompetent gemacht werden. Eine ÜNK des gewünschten Bakterienstammes wurde angeimpft und üN bei 37°C geschüttelt Am nächsten Morgen wurden 200 ml LB-Medium mit 3-4 ml der ÜNK angeimpft und dieser Ansatz bei 37°C unter Schütteln inkubiert bis eine OD von 0.3-0.4 erreicht war. Anschließend wurde die Kultur auf vier Falcon-Röhrchen verteilt und bei 1000g, 4°C für 20 min zentrifugiert. Der Überstand wurde verworfen und das Gesamtsediment, auf Eis, in 1/40 des Ausgangsvolumen (5 ml), also 1,25 ml TSS aufgenommen und resuspendiert. 100 µl Aliquots wurden auf gekühlte Reaktionsgefäße verteilt und sofort in Stickstoff eingefroren. Lagerung bei -80°C war über mehrere Wochen möglich.

4.3.6 Herstellung elektro-kompetenter Bakterien

Eine weitere Methode Bakterien die Aufnahme fremder DNA zu ermöglichen, ist die Elektroporation. Dabei werden die Membranen der Bakterien nicht mittels Hitzeschock, sondern mit Hilfe eines elektrischen Pulses für die fremde DNA geöffnet. Die Elektroporation stellt eine sehr effektive Transformationsmethode dar, wobei darauf geachtet werden muss, dass das Medium, in dem sich die Bakterien befinden, vollständig entsalzt ist, um Kurzschlüsse zu vermeiden.

In einem Schüttelkolben wurde 1 l LB-Medium mit 10 ml ÜNK inokuliert und bei 37°C unter Schütteln inkubiert. Wenn eine OD von 0.5-1.0 erreicht war, wurde die Kultur für 30 min auf Eis abgekühlt und dann durch 15 minütige Zentrifugation bei 8000 rpm und 4°C geerntet. Das Bakteriensediment wurde in 1l eiskaltem H_2O resuspendiert, erneut bei gleichen Bedingungen zentrifugiert und dann in 500ml eiskaltem H_2O resuspendiert. Nach einer weiteren Zentrifugation, wurden die Bakterien in 20 ml eiskaltem, 10%igem Glycerin aufgenommen, nochmals zentrifugiert in 2 ml eiskaltem, 10%igem Glycerin aufgenommen und die Zellen schließlich in 100 µl Aliquots aufgeteilt und in flüssigem Stickstoff sofort eingefroren. Lagerung bei -80°C war über mehrere Monate möglich.

4.3.7 Transformation von Plasmid-DNA in Bakterien

Transformation bedeutet die Aufnahme fremder DNA in Bakterien. Diese wird in den Bakterien nicht abgebaut, da sie ringförmig ist (Plasmid-DNA) und einen eigenen Replikationsstartpunkt trägt, der von Bakterien erkannt wird. Meist trägt die Plasmid-DNA eine Sequenz, die für eine

Methoden

Antibiotika-Resistenz codiert, dies ermöglicht die Selektion der transformierten Bakterien. Zur Transformation benötigt man kompetente Bakterien. Ein Aliquot (100 µl) kompetenter Bakterien wurde mit 50-150 ng Plasmid-DNA vermischt. Der Ansatz wurde 45-60 min auf Eis inkubiert, die Bakterien anschließend für 30 sec einem Hitzeschock von 42°C ausgesetzt und sofort wieder auf Eis gestellt. 900 µl LB-Medium wurden zugesetzt und das Eppendorf-Reaktionsgefäß 1 h bei 37°C geschüttelt. Anschließend wurden zwei Verdünnungen auf Selektionsplatten, je nach Antibiotikaresistenz, ausplattiert. Dazu wurden erst 100 µl (1/10) der Kultur ausgestrichen. Der Rest wurde bei 1000 rpm in einer Tischzentrifuge für 30 sec abzentrifugiert. Der Überstand wurde entnommen, bis auf 100 µl, in denen die sedimentierten Bakterien resuspendiert und danach auf einer weiteren Platte ausgestrichen wurde (9/10).

4.3.8 Elektroporation

Elektroporation von Bakterien stellt eine weitere Möglichkeit dar, diese zu modifizieren. Bakterien nehmen fremde DNA durch einen elektrischen Puls auf und können daraufhin selektiert werden. Dafür wurden 100 µl elektrokompetenter Bakterien in einer gekühlten Elektroporationsküvette mit 2 µl DNA Lösung aus einer DNA-Isolierung versehen und bei 1,75 V für 4,5 ms gepulst. Direkt im Anschluss wurden 900 µl LB-Medium zugegeben und die Bakterien bei 37°C 1 h lang geschüttelt. Nach dieser Inkubation wurde der gesamte Ansatz auf entsprechende Agarplatten ausgestrichen. Es wurde darauf geachtet, dass für jeden Ansatz frische Küvetten genommen wurden, um Salzverunreinigungen durch das Medium zu vermeiden. Wenn während der Elektroporation ein Kurzschluss entstand, wurde der Ansatz verworfen.

4.3.9 Homologe Rekombination

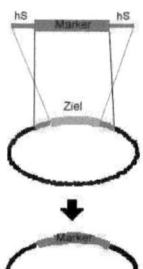

Abbildung 10: Prinzip der homologen Rekombination

Eine weitere Möglichkeit Bakterien genetisch zu verändern ist die homologe Rekombination. Hierbei wird nicht ein zusätzliches, eigenständiges Plasmid aufgenommen, das auch einen eigenen Replikationsstartpunkt besitzt, sondern ein Stück DNA innerhalb eines Plasmids ausgetauscht und so gezielt ein Gen verändert. Der Austausch von Allelen und die Neuordnung von genetischem Material, durch Spaltung und Neuverknüpfung von DNA-Abschnitten, sind mitverantwortlich für genetische Variabilität und die Reparatur von Mutationen. Zur Anwendung in der Molekularbiologie macht man sich Rekombinasen zunutze, Enzyme die diesen Vorgang katalysieren. Die Methode beruht auf der Paarung ausgedehnter homologer Sequenzen (hS) und ist schematisch abgebildet. Zwei doppelsträngige DNA-

Methoden

Moleküle nähern sich parallel an, die homologen Sequenzen paaren sich, die DNA-Abschnitte dazwischen werden ausgetauscht und die Bruchpunkte neu verknüpft, ohne das Nukleotide entfallen oder eingefügt werden. So kann man beliebige Marker in ein Plasmid einbringen.

Um homolog zu rekombinieren wurde eine ÜNK vom Stamm DY380 (Yu et al. 2000) im entsprechenden Medium angesetzt und bei 32°C unter Schütteln inkubiert. Dieser Bakterienstamm wächst bei 32°C, denn die zur homologen Rekombination notwendigen Enzyme befinden sich unter der Kontrolle des temperatursensitiven λ-Repressors. Am Folgetag wurde eine Auffrischungskultur (1:50) angelegt und bei 32°C bis zu einer OD von maximal 0,6 gezüchtet. Wenn eine OD zwischen 0,4-0,6 erreicht war, wurde die Kultur in den vorgewärmten Erlenmeierkolben gegossen und dort exakt 12 min im Wasserbad sanft geschüttelt. Dieser Hitzeschock diente dazu, den λ-Repressor auszuschalten und damit den Bakterien die Voraussetzungen zu geben, das elektroporierte DNA-Fragment zu inserieren. Ab hier war extrem wichtig mit vorgekühlten Gefäßen, Zentrifugen und Lösungen zu arbeiten. Die Zellen wurden sofort auf Eis gestellt, unter beständigem, sanftem Schütteln abgekühlt und auf gekühlte 50 ml Falcons aufgeteilt. Die weiteren Schritte wurden optimalerweise im Kühlraum durchgeführt. Bei nicht mehr als 4000 rpm wurde bei 4°C für 10 min zentrifugiert, das Sediment sofort wieder auf Eis gestellt, der Überstand verworfen und die Bakterien 4 x mit eiskaltem H_2O gewaschen. Dafür wurde jeweils bei 9000 rpm und 4°C für 10 min zentrifugiert und luftblasenfrei mit abgeschnittenen Spitzen resuspendiert. Zuletzt wurden die Bakterien in Eppendorf-Reaktionsgefäßen in 40-50µl eiskaltem H_2O aufgenommen und waren jetzt bereit für die Elektroporation.

Methoden

4.4 Allgemeine Molekularbiologische Methoden

4.4.1 DNA-Isolierung

Isolierung von Plasmid-DNA

Plasmid-DNA kann aus Bakterien isoliert werden, indem die Bakterien zuerst lysiert werden und im Anschluss daran die DNA von den übrigen Zellbestandteilen getrennt wird. Entweder kann die DNA nun direkt gefällt werden oder durch Adsorption an ein Silika-Gel unter Hochsalz Bedingungen gereinigt werden. Für die Isolation von Plasmid-DNA im kleinen Maßstab wurde das Plasmid DNA Mini Kit (A&A Biotechnology) eingesetzt; Isolationen im größeren Maßstab (Midi-Maxipräp) erfolgten mit den Kits Nucleobond PC100 bzw. PC500 (Macherey-Nagel).

Isolierung von genomischer DNA

Gewinnung genomischer DNA aus Biopsiematerial wie Schwanzspitzen, Amnien oder Leber war notwendig, um den Genotyp von Tieren zu ermitteln oder eine genomische Vorlage zur Klonierung von Sonden zu erhalten. Das Gewebe wurde üN bei 55°C in 0.5 ml SDS-Puffer mit Proteinase K verdaut. Am nächsten Tag wurden 0.5 ml 5M NaCl zugegeben und für 10 min auf einer Wippe bei RT inkubiert. Anschließend wurden die Proben 10 min auf Eis gestellt, bei 8000 rpm für 10 min zentrifugiert und dann 0.5 ml vom Überstand in ein neues Reaktionsgefäß überführt, in dem bereits 1 ml eiskaltes 100% EtOH vorgelegt war. Nach erneuter Zentrifugation bei 13000 rpm für 30 min und 4°C wurde das Sediment zweimal mit 70% EtOH für 10 min bei 13000 rpm und 4°C gewaschen. Abschließend wurde das Sediment gründlich getrocknet und in 150 µl autoklaviertem H_2O aufgenommen.

4.4.2 RNA-Extrahierung

Gesamt-RNA wurde mit peqGold TriFast isoliert. Hierfür wurde das Gewebe in zehnfachem Volumen TriFast homogenisiert und 5 min bei RT inkubiert. Pro ml TriFast wurden 200µl Chloroform zugegeben und weitere 3 min bei RT inkubiert. Durch Zentrifugation für 20 min bei 4°C und 13000 rpm erzielte man hasentrennung. Die obere, wässrige Phase wurde vorsichtig abgenommen, wobei sorgfältig darauf geachtet wurde, die Interphase und die organische, untere Phase unberührt zu lassen. Zur Fällung der RNA wurde der wässrige Überstand mit 500µl 100% EtOH pro ml Trifast versetzt, 10 min bei RT inkubiert und erneut bei 4°C, 13000 rpm zentrifugiert. Das Sediment wurde zweimal mit 70% EtOH für 10 min bei 4°C, 13000 rpm gewaschen, kurz luftgetrocknet und schließlich in 50-100µl RNAse-freiem Wasser gelöst. Wenn besondere Reinheit der RNA erforderlich war, wie für die Hybridisierung auf Affymetrix® Chips, wurde die RNA-Lösung im Anschluss über RNeasy Mini-Säulchen aufgereinigt.

Methoden

4.4.3 Herstellung von cDNA

cDNA für qRT-PCR wurde mit dem TaqMan Reverse Transcription Reagents Kit nach Anleitung des Herstellers gewonnen, wobei jeweils 1 µg Gesamt-RNA in 100 µl Reaktionsvolumen eingesetzt wurden. cDNA für alle nicht quantitativen PCRs, wie RT-PCR oder Sondenklonierung, wurde mit SuperScriptII nach Anleitung des Herstellers mit random Hexamer-Primern erstellt.

4.4.4 Polymerasekettenreaktion (PCR)

Die Polymerasekettenreaktion ist eine Technik zur selektiven Vervielfältigung von DNA-Fragmenten. Dabei macht man sich zunutze, dass der DNA-Doppelstrang bei Erhitzung denaturiert, d.h. in zwei Einzelstränge zerfällt. Die dabei entstandenen Einzelstränge lassen sich nun mit Hilfe der DNA-Polymerasen verdoppeln, wenn die Zielsequenz umrahmende Oligonukleotide vorhanden sind. Zur Nutzung dieser Technik muss man also wenigstens Kenntnis über Teile der Sequenz haben, oder über ähnliche Sequenzen, von denen sich die erforderlichen Primer ableiten lassen. Die Zyklen der PCR von Denaturierung, Oligonukleotid-Hybridisierung und Elongation durch die Polymerase enden mit doppelsträngiger DNA, die sich erneut denaturieren lässt. So amplifiziert man durch vielfache Zyklen letztendlich eine große Menge spezifischer DNA.

Primer und Primerdesign:

Der Erfolg einer PCR ist stark von den eingesetzten Primern, und deren Eigenschaften, abhängig. Die Hybridisierung mit sich selbst, oder die Bildung von Schleifen sollte nicht möglich sein, ebenso wie ihre komplementäre Sequenz nur einmal in der eingesetzten DNA vorkommen sollte. Die Schmelztemperaturen (T_m) von zusammen eingesetzten Primern sollten möglichst gleich hoch sein und der G/C-Gehalt der Primersequenz sollte zwischen 40% - 60 % liegen. Die Schmelztemperatur wird nach folgender Formel berechnet: $Tm = 2°C * (A+T) + (G+C)$
PCR-Reaktionen sind umso spezifischer, je näher die Annealing-Temperatur bei der Schmelztemperatur der Oligonukleotide liegt, und wurde meist ca. 2-3°C unter der Tm gewählt. Wenn dies nicht zu einem Produkt führte, wurde die Annealing-Temperatur herabgesetzt, was aber auch die Spezifität des Produkts vermindern kann. Zur Vervielfältigung von GC-reichen Sequenzen wurde DMSO zur Senkung der Stringenz zugegeben. Die Oligonukleotide wurden von MWG/Operon bezogen und standardmäßig auf 100 pmol verdünnt. Alle verwendeten Primer finden sich im Materialteil.

Für die Amplifikation wurde, am Institut hergestellte, Taq- oder Pfu-Polymerase verwendet. Die Taq-Polymerase hängt Überhänge aus A-Nukleotiden an die 3´ Enden der Doppelstränge, besitzt aber keine Fehlerkorrektur; Taq wurde standardmäßig für Genotypisierungen verwendet. Pfu-

Methoden

Polymerase hingegen vervielfältigt DNA mit sehr hoher Genauigkeit durch 3´-5´ Exonukleaseaktivität, hängt allerdings keine A-Nukleotide an. Für schwierige PCR-Reaktionen wurde ein Gemisch aus Taq/Pfu herangezogen.

Pipettierschema für PCR-Reaktion (50µl Ansatz):

Menge	Reagenz
• 20-100 ng	DNA-Vorlage
• 5 µl	DNA-Polymerase 10x Reaction Buffer
• 1 µl	dNTPs (1.25 mM, Fermentas)
• 1 µl	5`-Primer
• 1 µl	3`-Primer
• 0.5-1 µl	DNA-Polymerase

→ add auf 50 µl mit H_2O bidest

Der Ansatz wurde in ein 0.5 ml PCR-Reaktionsgefäß gekühlt pipettiert, die Polymerase zum Schluss hinzu gegeben und der Ansatz in einem Thermocycler mit folgendem Programm inkubiert. Die Analyse der PCR erfolgte in 1% oder 3% Agarosegelen.

Standard – Programm für Thermocycler bei einer PCR

Phase	Temperatur	Zeit	Zyklen
Initiale Denaturierung	94°C	4 min	
Denaturierung	94°C	30 sec	
Primer Annealing	je nach Primer	30 sec	25-35 Zyklen
Elongation	72°C	Taq 1 min/1000 Basen Pfu 1 min/500 Basen +30 sec	
Finale Elongation	72°C	10 min	
Kühlung	4°C	∞	

Kolonie-PCR

Die Kolonie-PCR dient der Verifizierung erhaltener Klone auf erfolgreiche Insertion des amplifizierten Inserts und dessen Orientierung im Vektor. Dabei wird, statt isolierter DNA, einfach Bakterienmaterial als Ausgangsmaterial für die PCR eingesetzt. Mit geeigneten Primern prüft man das Vorhandensein im Vektor und gegebenenfalls die Orientierung, z.B. mit einem Insert- und einem Vektorprimer. Verwendet wurde hier immer die selbst hergestellte Taq-Polymerase, außerdem meist Sp6/T7 Standardprimer, für die in den meisten Vektoren Bindungsstellen vorhanden sind

Methoden

Pipettierschema für eine Kolonie-PCR: (25 µl Ansatz)

Menge	Reagenz
• 2,5 µl	DNA-Polymerase 10x Reaction Buffer
• 0.5 µl	dNTPs (12.5 mM, Fermentas)
• 0.25 µl	5`-Primer
• 0.25 µl	3`-Primer
• 0.5 µl	DNA-Polymerase

→ add auf 24 µl mit H_2O bidest

Je nach Anzahl der zu testenden Klone wurde ein „Master-Mix" für alle Ansätze hergestellt, der dann in 24 µl Aliquots auf die einzelnen Reaktionsgefäße verteilt wurde. Zu testende Kolonien wurden mit einer sterilen Pipettenspitze gepickt, das Bakterienmaterial erst auf eine Replika-Platte übertragen und anschließend der Rest an der Pipettenspitze mit dem PCR-Ansatz gut vermischt. Die Replika-Platte wurde üN bei 37°C inkubiert, um gegebenenfalls von positiven Klonen ÜNKs anfertigen zu können. Das Programm für den Thermocycler ist das einer standardmäßigen PCR.

Amplifikation der Kandidatengene aus cDNA (Sonden-PCR)

Die ausgewählten Kandidatengene wurden aus cDNA von BL6-Mäusen über PCR und Taq-Polymerase amplifiziert. Alle PCRs folgten einem Standardschema, welches sich lediglich in den Primern und der jeweiligen Annealing-Temperatur unterschied. Zu beachten ist, dass die Primer für die jeweilige Sonde in der 3´ UTR des jeweiligen Gens liegen, um die einzigartige Spezifität der Sonde zu gewährleisten.

Pipettierschema für eine Sonden-PCR: (50 µl Ansatz)

Reaktion		Programm		
Menge	Reagenz	Temperatur	Zeit	Zyklen
• 1 µl	cDNA	96°C	4 min	
• 5 µl	Puffer (15 mM $MgCl_2$)	96°C	30 sec	
• 1 µl	dNTPs (12.5 mM)	xx°C	20 sec	25
• 1 µl	je Primer (100 pmol)	72°C	45 sec	
• 40 µl	H_2O	72°C	10 min	
• 1 µl	Taq-Polymerase	4°C	∞	

Primer: sondenspezifisch

Es wurden jeweils 2 Ansätze pro Sonde angefertigt, und diese dann weiter verarbeitet.

Methoden

Genotypisierungs-PCR

Für alle Genotypisierungen wurde genomische DNA aus Schwanzspitzen, Amnien oder Leber gewonnen. Standardmäßig wurde die gefällte DNA in 150 µl H2O aufgenommen und gegebenenfalls 1:10, 1:20 oder 1:50 verdünnt. Als Kontrollen liefen stets ein H_2O- sowie eine wt-Probe mit.

spdh:

Reaktion	
Menge	Reagenz
• 1 µl	DNA
• 2.5 µl	Puffer (15 mM $MgCl_2$)
• 2.5 µl	dNTPs (1.25 mM)
• 2.5 µl	je Primer (20 pmol)
• 3.5 µl	DMSO
• 10.2 µl	H_2O
• 0.3 µl	Taq-Polymerase

Programm		
Temperatur	Zeit	Zyklen
95°C	2 min	
94°C	30 sec	
51°C	1 min	35
72°C	2 min	
72°C	10 min	
4°C	∞	

Primer: spdh for
         spdh rev

Die Reaktion wurde in ein 3% Agarosegel geladen, um die dicht beieinander liegenden Banden gründlich trennen zu können. Die wt Bande läuft ungefähr bei 220 bp.

Prx-Transgene:

Reaktion	
Menge	Reagenz
• 1 µl	DNA
• 2.5 µl	Puffer (7.5 mM $MgCl_2$)
• 1.5 µl	dNTPs (1.25 mM)
• 1.5 µl	je Primer (10 pmol)
• 16.7 µl	H_2O
• 0.3 µl	Taq-Polymerase

Programm		
Temperatur	Zeit	Zyklen
94°C	4 min	
94°C	30 sec	
51°C	30 sec	35
72°C	1 min	
72°C	10 min	
4°C	∞	

Primer: Hoxd13BamHI for
         SV40 rev

Die Reaktion wurde auf ein 1%-Gel aufgetragen, in dem nur die positiven Klone eine Bande zeigten.

Methoden

d11d13flox:
Im 3%-Gel sieht man eine wt Bande bei ~ 590 bp und eine Bande für die Deletion bei ~ 600 bp.

Reaktion		
Menge	Reagenz	
• 1 µl	DNA	
• 2.5 µl	Puffer (7.5 mM MgCl$_2$)	
• 1.5 µl	dNTPs (1.25 mM)	
• 1.5 µl	je Primer (20 pmol)	
• 16.7 µl	H$_2$O	
• 0.3 µl	Taq-Polymerase	

Programm		
Temperatur	Zeit	Zyklen
94°C	5 min	
94°C	1 min	
56°C	1 min	25
72°C	2 min	
72°C	10 min	
4°C	∞	

Primer: Inv1
d10 rev

Diese Reaktion amplifiziert das gefloxte Allel und zeigt im 1%-Gel eine Bande bei ~ 560 bp.

Reaktion		
Menge	Reagenz	
• 1 µl	DNA	
• 2.5 µl	Puffer (7.5 mM MgCl$_2$)	
• 1.5 µl	dNTPs (1.25 mM)	
• 1.5 µl	je Primer (20 pmol)	
• 16.7 µl	H$_2$O	
• 0.3 µl	Taq-Polymerase	

Programm		
Temperatur	Zeit	Zyklen
94°C	5 min	
94°C	1 min	
56°C	1 min	25
72°C	2 min	
72°C	10 min	
4°C	∞	

Primer: Inv1
Inv3

Zuletzt wurde ausschließlich mit dieser PCR gearbeitet. Sie zeigt alle drei Banden in 3%-Gelen.

Reaktion		
Menge	Reagenz	
• 1 µl	DNA	
• 2.5 µl	Puffer (7.5 mM MgCl$_2$)	
• 1.5 µl	dNTPs (1.25 mM)	
• 1.5 µl	je Primer (20 pmol)	
• 15.2 µl	H$_2$O	
• 0.3 µl	Taq-Polymerase	

Programm		
Temperatur	Zeit	Zyklen
94°C	5 min	
94°C	1 min	
54°C	1 min	25
72°C	2 min	
72°C	10 min	
4°C	∞	

Primer: Inv1
Inv3
d10 rev

Hsp70:

Reaktion			Programm		
Menge	Reagenz		Temperatur	Zeit	Zyklen
• 1 µl	DNA		94°C	2 min	
• 2.5 µl	Puffer (7.5 mM $MgCl_2$)		94°C	30 sec	
• 0.5 µl	dNTPs (12.5 mM)		60°C	30 sec	30
• 1 µl	je Primer (10 pmol)		72°C	45 sec	
• 18.7 µl	H_2O		72°C	8 min	
• 0.3 µl	Taq-Polymerase		4°C	∞	

Primer: Cmvie71
               Cmvie351

In einem 1%-Gel aufgetragen zeigen positive Klone eine Bande bei ungefähr 300 bp.

Hsp90:

Reaktion			Programm		
Menge	Reagenz		Temperatur	Zeit	Zyklen
• 0.5 µl	DNA		94°C	4 min	
• 2.5 µl	Puffer (15 mM $MgCl_2$)		94°C	40 sec	
• 1.5 µl	dNTPs (1.25 mM)		54°C	40 sec	35
• 1.5 µl	je Primer (20 pmol)		72°C	1.5 min	
• 17 µl	H_2O		72°C	10 min	
• 0.5 µl	Taq-Polymerase		4°C	∞	

Primer: Hsp90 for
               En2 rev

In einem 1%-Gel aufgetragen zeigen positive Klone eine Bande.

Runx2: Im 1%-Gel sieht man eine Bande für wt und eine für das mutierte Allel, die höher läuft.

Reaktion			Programm		
Menge	Reagenz		Temperatur	Zeit	Zyklen
• 0.5 µl	DNA		94°C	5 min	
• 2.5 µl	Puffer (15 mM $MgCl_2$)		94°C	1 min	
• 0.5 µl	dNTPs (12.5 mM)		59°C	1 min	35
• 0.5 µl	je Primer (20 pmol)		72°C	1 min	
• 2 µl	DMSO		72°C	10 min	
• 17,2 µl	H_2O		4°C	∞	
• 0.3 µl	Taq-Polymerase				

Primer: Cbfa1, Mcbfa, Neo5

Methoden

Cre: Im 1%-Gel aufgetragen zeigen positive Klone eine Bande bei ungefähr 650 bp.

Reaktion		Programm		
Menge	Reagenz	Temperatur	Zeit	Zyklen
• 1 µl	DNA	94°C	3 min	
• 2.5 µl	Puffer (15 mM $MgCl_2$)	94°C	30 sec	
• 0.1 µl	dNTPs (12.5 mM)	54°C	30 sec	40
• 1 µl	je Primer (10 pmol)	72°C	1 min	
• 19.1 µl	H_2O	72°C	8 min	
• 0.3 µl	Taq-Polymerase	4°C	∞	

Primer: Cre1 for , Cre2 rev

Hoxd13 KO:

Reaktion		Programm		
Menge	Reagenz	Temperatur	Zeit	Zyklen
• 1 µl	DNA	94°C	3 min	
• 2.5 µl	Puffer (15 mM $MgCl_2$)	94°C	1 min	
• 0.5 µl	dNTPs (12.5 mM)	62°C	1 min	2
• 0.2 µl	je Primer (100 pmol)	72°C	1 min	
• 20.1	H_2O	94°C	30 sec	
• 0.5 µl	Taq-Polymerase	62°C	30 sec	30
		72°C	30 sec	
Primer:	Hoxd13 KO 23	72°C	3 min	
	Hoxd13 KO 24	4°C	∞	

Im 3%-Gel: eine Bande bei ca. 490 bp und eine Bande größer als 525 bp für die lacZ Insertion sichtbar.

Hoxa13 KO

1. PCR: Diese Reaktion liefert spezifisch eine Bande für das wt Allel bei ca. 400 bp im 1%-Gel.

Reaktion		Programm		
Menge	Reagenz	Temperatur	Zeit	Zyklen
• 1 µl	DNA	94°C	3 min	
• 2.5 µl	Puffer (15 mM $MgCl_2$)	94°C	1 min	
• 0.5 µl	dNTPs (12.5 mM)	62°C	1 min	2
• 0.2 µl	je Primer (100 pmol)	72°C	1 min	
• 20.1	H_2O	94°C	30 sec	
• 0.5 µl	Taq-Polymerase	62°C	30 sec	30
		72°C	30 sec	
Primer:	Hoxa13 KO 124	72°C	3 min	
	Hoxa13 KO 126	4°C	∞	

Methoden

2. PCR

Reaktion	
Menge	Reagenz
• 1 µl	DNA
• 2.5 µl	Puffer (15 mM MgCl$_2$)
• 0.5 µl	dNTPs (12.5 mM)
• 0.2 µl	je Primer (100 pmol)
• 20.1	H$_2$O
• 0.5 µl	Taq-Polymerase
Primer:	Hoxa13 KO 124
	Hoxa13 KO 127

Programm		
Temperatur	Zeit	Zyklen
94°C	3 min	
94°C	1 min	
62°C	1 min	2
72°C	1 min	
94°C	30 sec	
62°C	30 sec	30
72°C	30 sec	
72°C	3 min	
4°C	∞	

Diese Reaktion ergibt eine spezifische Bande für den integrierten TK-Promotor, bei ca. 480 bp. Bei 3% Agarosematrix ist es möglich beide PCRs im gleichen Gel laufen zu lassen.

4.4.5 DNA-Auftrennung durch Agarose-Gelelektrophorese

Nukleinsäuren sind aufgrund der Phosphatgruppen im Rückgrat negativ geladen. Dies macht man sich bei der Gelelektrophorese zunutze. Wenn Nukleinsäuren in ein elektrisches Feld gebracht werden, wandern sie zur positiv geladenen Anode, wobei man als Netzwerk im Allgemeinen Agarosegele verwendet. Darin werden die Nukleinsäuren ihrer Größe nach aufgetrennt, wobei kleinere Nukleinsäure-Fragmente schneller wandern als Größere. Auch die Konformation der DNA spielt für die Wandergeschwindigkeit eine Rolle. Ringförmige DNA läuft umso schneller, je größer ihre Verwindungszahl ist, linearisierte DNA läuft schneller, als das entspannte, geschlossene Plasmid. Die Trennschärfe hängt von der Laufweite der einzelnen Fragmente und der Konzentration der Agarose ab, die dem Größenbereich der erwarteten Fragmente angepasst werden sollte. Um die DNA-Banden im Gel sichtbar zu machen, wird Ethidiumbromid zugegeben, das zwischen den Basen interkaliert und bei Anregung mit UV-Licht eine orange Fluoreszenz erzeugt. Als Marker wurde immer GeneRuler 100bpPlus DNA Ladder verwendet. Für 1%-Gele wurde 1g Agarose in 100 ml 1x TAE gelöst, aufgekocht, das Gemisch wieder auf ca. 50°C abgekühlt, und. dann 3 µl Ethidiumbromidlösung hinzu gegeben. Mit dieser Lösung wurde das Gel mit einem Kamm für die gewünschte Probenanzahl gegossen. Wenn das Gel vollständig polymerisiert war wurde es in einer Elektrophoresevorrichtung mit 1x TAE überschichtet, der Kamm wurde vorsichtig entfernt und gegebenenfalls Luftblasen aus den Taschen entfernt. Die zu analysierenden Proben wurden mit 6x Ladepuffer versehen und sorgfältig, ohne Überlaufen, in die einzelnen Taschen pipettiert. Die Elektrophorese wurde bei einer konstanten Spannung von 100V durchgeführt und dann ausgeschaltet, wenn das OrangeG

Methoden

ca. 2/3 des Gels durchlaufen hatte. Die DNA-Banden wurden mit Hilfe eines UV-Transilluminators sichtbar gemacht und über eine Videokamera mit angeschlossenem Drucker dokumentiert.

4.4.6 Gelextraktion mit GelOut Kit

Die Extraktion der DNA-Fragmente aus den Agarosegelen wurde mit dem GelOut Kit der Firma Qiagen durchgeführt. Nachdem die gewünschten Banden mit einer sauberen Skalpellklinge sorgfältig aus dem Gel ausgeschnitten worden waren, wurde die DNA gemäß dem Herstellerprotokoll aus dem Gel extrahiert. Die DNA wurde immer in 30 µl H_2O bidest aufgenommen. Diese eluierte DNA war sofort für Folgeversuche verfügbar. Die verwendeten Agarosen haben eine niedrige Bindungsaffinität zu Nukleinsäuren, dadurch ist die Elution erleichtert und die Ausbeuten verhältnismäßig hoch.

4.4.7 Gelextraktion mit „Freeze and Squeeze"

Für besonders große DNA-Fragmente oder bei hohen Verlusten in der Ausbeute der herkömmlichen Gelextraktion eignete sich diese Methode besser. Die gewünschte Bande wurde aus dem Agarosegel mit einer sauberen Skalpellklinge ausgeschnitten, mit dem gleichen Volumen Phenol versehen und direkt in flüssigem Stickstoff eingefroren. Es folgte eine 15 minütige Zentrifugation bei RT und 13000 rpm, wobei die entstehende obere Phase die DNA enthielt. Diese wurde in ein frisches Eppendorf-Reaktionsgefäß überführt und mit dem gleichen Volumen Phenol/Chloroform/Isoamylalkohol (25:24:1) versehen. Es folgte eine erneute Zentrifugation bei 13000 rpm für 5 min, nach der erneut die obere Phase in ein frisches Reaktionsgefäß gebracht wurde, mit Chloroform/Isoamylalkohol (24:1) überschichtet wurde, bei 13000 rpm für 3 min bei RT zentrifugiert wurde und die so erhaltene letzte Oberphase in einem frischen Reaktionsgefäß gefällt wurde.

4.4.8 Konzentrationsbestimmungen von Nukleinsäuren

Die Konzentration der gewonnen DNA wurde photometrisch bestimmt, indem mit einem Photometer die Absorption bei einer Wellenlänge von 260 nm gemessen wurde. Bei dieser Wellenlänge befindet sich das Absorptionsmaximum von Nukleinsäuren. Dabei wurde normalerweise in einer Verdünnung von 1:60 gegen einen entsprechenden Leerwert gemessen. Aus den Quotienten OD_{260}/OD_{280} und OD_{260}/OD_{230} konnten Aussagen über die Reinheit der Probe getroffen werden. Die Absorption bei 280 nm verdeutlicht die Verunreinigung durch Proteine, wohingegen Peptide, aromatische Verbindungen und Kohlenhydrate bei 230 nm ihr Absorptionsmaximum haben. Der Quotient OD_{260}/OD_{280} sollte größer als 1,8 sein, während der Quotient OD_{260}/OD_{230} größer als 2 sein sollte.

Methoden

4.4.9 Restriktionsverdau

Restriktionsverdaus wurden vielfach eingesetzt, zur Umklonierung von DNA-Fragmenten, zur Linearisierung von Vektoren und zur Analyse von Klonen hinsichtlich einer erfolgreichen Ligation und entsprechender Orientierungskontrolle. Die verwendeten Restriktionsenzyme sind fast ausschließlich Endonukleasen, die jeweils eine spezifische Nukleotidsequenz erkennen und darin schneiden. Je nach verwendetem Enzym entstehen dabei glatte (blunt) oder kohäsive (sticky) Enden. Schnittstellen mit Überhängen können verhältnismäßig effektiv mit komplementären Enden ligiert werden, die mit demselben Enzym geschnitten wurden.

Pipettierschema für einen Restriktionsverdau 10 µl:

Menge	Reagenz
• 1 µg	Plasmid-DNA
• 1 µl	10x Puffer (enzymspezifisch)
• 1 µl	Ligase

→ add auf 10 µl mit H$_2$O bidest

Der Ansatz wurde vermischt und 1-2 h bei 37 °C inkubiert. Anschließend wurde das Enzym, wenn notwendig, hitzeinaktiviert und anschließend der Verdau im 1%igen Agarosegel analysiert.

4.4.10 Klonierung von DNA-Fragmenten in bakterielle Vektoren

pTA-Klonierung

Über PCR gewonnene Fragmente wurden zuerst immer in den pTA-GFP Vector (eigene Herstellung) zwischen kloniert. Dieser entspricht dem einfachen TOPO-Vector und ermöglicht eine effektive Klonierung und Sequenzierung der gewünschten Fragmente. Aus diesem Zwischenvektor wurde dann, mittels Restriktionsverdau und Ligation, in den Zielvektor kloniert.

Insertgewinnung

Das gewünschte DNA-Fragment wurde über Restriktionsverdau aus dem Vektor geschnitten und über Gelelektrophorese in einem Agarosegel aufgetrennt. Im Regelfall wurden 5 µg Plasmid-DNA verdaut. Die Ziel-DNA auf gewünschter Höhe wurde extrahiert und so ein Teilstück von der restlichen Plasmid-DNA getrennt. Bis zur weiteren Verwendung wurde die DNA auf Eis gestellt oder bei -20°C gelagert.

Linearisierung des Vektors

Um DNA-Inserts in einen Vektor zu klonieren, mussten diese in linearer Form vorliegen, dazu wurde die Hilfe von Restriktionsenzymen hinzugezogen. Für den Verdau wurden standardmäßig 1,5 µg Vektor eingesetzt, der nach dem Verdau auf zwei verschiedene Arten zur

Methoden

Weiterverarbeitung aufbereitet wurde. Auf der einen Seite konnte das Restriktionsenzym 10 min bei 85°C hitzeinaktiviert werden und anschließend der Ansatz mit Natriumacetat und Ethanol gefällt werden. Das Sediment wurde in H_2O bidest resuspendiert. Hierbei ist jedoch als Nachteil zu nennen, dass bei der nachfolgenden Ligation der unverdaute Vektor als Verunreinigung mit verschleppt werden konnte. So wurde die Anzahl der Bakterien, die den Vektor samt Insert aufgenommen hatten, reduziert.

Auf der anderen Seite bestand die Möglichkeit, den Verdau über ein Agarosegel aufzutrennen. Der verdaute Vektor lief im Gel auf einer anderen bekannten Höhe, als unverdaute Reste, da geschlossene, entspannte Plasmide langsamer laufen als lineare DNA. Somit konnte mit einer sauberen Skalpellklinge die Bande, im UV-Licht sichtbar, sorgfältig ausgeschnitten und eluiert werden. Auf diese Weise wurde kaum unverdauter Vektor verschleppt.

Dephosphorylierung des Vektors

Bei einer Ligation kann entweder das Insert in den linearisierten Vektor integriert werden, oder es kommt zu einer Autoligation des Vektors. Für eine erfolgreiche Ligation freier Enden von DNA, sind Phosphatreste an den 5´ Enden der DNA notwendig. Es ist also erforderlich, den Vektor zu Dephosphorylieren, um die Anzahl der Autoligationen zu verringern. Der Vektor wurde vorher durch ein Restriktionsenzym linearisiert und, ebenso wie das Insert, über Gelextraktion eluiert.

Pipettierschema für einen Standard-Dephosphorylierungsansatz 5 µl:

Menge	Reagenz
• 100-150 ng	Linearisierter Vector
• 0.5 µl	10x SAP Puffer
• 1 µl	Shrimp alkalische Phosphatase

→ add auf 5 µl mit H_2O bidest

Der Ansatz wurde gemischt, bei 37°C für 1-2 h inkubiert und anschließend das Enzym für 15 min bei 65°C durch Hitzeschock inaktiviert. Bei –20°C war Lagerung über mehrere Wochen gelagert möglich.

Ligation und Transformation

Über Ligation konnten DNA-Fragmente in Plasmid-DNA eingefügt werden. Dazu müssen sowohl die Enden des Fragments, als auch die der Plasmid-DNA überlappende Enden haben, die jeweils komplementär sind, so genannte „sticky ends". Solche komplementären Sequenzen entstehen im Restriktionsverdau wenn Insert und Vektor mit dem gleichen Enzym zu verdaut wurden.

Methoden

Pipettierschema für einen Standardligationsansatz 20 µl:

Menge	Reagenz
• 5 µl	Dephosphorylierungsansatz
• 300 ng	Insert
• 1.5 µl	10x T4 DNA-Ligase-Puffer
• 1 µl	Ligase

→ add auf 20 µl mit H₂O bidest

Der Ansatz wurde gemischt und 30-60 min bei RT, oder über Nacht bei 4°C, inkubiert. Danach wurde der gesamte Ansatz für eine Transformation in kompetente E. coli Bakterien vom Stamm XL1-blue oder Top10 verwendet (siehe Transformation S.31).

Test der erhaltenen Klone

Die erhaltenen Klone wurden auf erfolgreiche Ligation und die Orientierung des Inserts im Vektor hin untersucht. Dies konnte mit Hilfe von Restriktionsverdau, Kolonie-PCR oder Sequenzierung erfolgen.

4.4.11 Fällung von Nukleinsäuren

Nukleinsäuren wurden immer mit Natriumacetat und Ethanol gefällt. Zuerst wurde der DNA-Lösung 1/10 Volumen 3 M Natriumacetat pH 5,2 hinzu gegeben und dann 2,5 Volumina Ethanol 100 % p.a. zugefügt. Standardmäßig wurden Nukleinsäuren immer im 100 µl Ansatz gefällt, kleinere Ansätze von Verdau oder Sequenzierung wurden mit H₂O bidest auf das entsprechende Volumen aufgefüllt. Das Gemisch wurde bei 13.000 rpm für 30 min in einer Tischzentrifuge zentrifugiert. Der Überstand wurde sorgfältig abgenommen und das Sediment zweimal mit Ethanol 70% für 10 min und 13000 rpm gewaschen. Der Überstand wurde abgenommen und verworfen, die DNA ließ man 5-10 min lufttrocknen und nahm es schließlich in der gewünschten Menge H₂O bidest auf.

4.4.12 DNA-Sequenzierungen

Die Sequenzierungen wurden alle nach Ketten-Abbruch-Methode (Sanger et al. 1977) durchgeführt. Deren Prinzip gründet sich darauf, dass in einer PCR-Reaktion Didesoxynukleosid-Triphosphate (dNTPs) beigefügt werden, die dafür sorgen, dass die Polymerisation nach ihnen abbricht, da kein freies 3′ OH-Ende vorhanden ist. So entstehen DNA-Fragmente unterschiedlichster Länge, wobei die verschiedenen Nukleotide mit fluoreszierenden Farbstoffen markiert sind (Adenin: R6G, grün; Thymidin: ROX, rot; Cytosin: TAMRA, gelb; Guanin: R110, blau). In einem Kapillar-Gelsystem werden diese Fragmente der Größe nach aufgetrennt und mit einem Laser angeregt. Je nach Größe des Fragments, respektive je nach Farbstoff, wird Licht unterschiedlicher Wellenlänge emittiert, das wiederum von einem

Photoelement registriert und an einen Computer weitergeleitet wird. Zuletzt setzt der Computer, mittels einer geeigneten Software, die Messdaten zu einer Sequenz zusammen.

Pipettierschema für einen Sequenzierungsansatz 10 µl:

Reaktion			Programm		
Menge	Reagenz		Temperatur	Zeit	Zyklen
• <100ng	Plasmid-DNA		96°C	1min	
• 2 µl	5x Sequnezier-Puffer		96°C	10 sec	
• 2 µl	Primer		50°C	5 min	25
• 1 µl	BigDye V3.1		60°C	4 min	
→ add auf 10 µl mit H$_2$O bidest			4°C	∞	

Direkt vor der Fällung wurde der Ansatz mit 1 µl 2%igem SDS versehen und für 10 min bei 98°C inkubiert um eventuell entstandene Aggregate zu lösen. Gefällt wurde 1 h lang mit 25 µl 100% EtOH bei 4000 rpm und 4°C. Danach wurde mit 150 µl 70% EtOH bei 4000 rpm für 30 min gewaschen. Abschließend wurde das Sediment kurz trocken zentrifugiert und war dann bereit für die Sequenzierungs-Reaktion, die an der Medizinischen Genetik, Charite durchgeführt wurden.

4.4.13 Quantitative RT-PCR (qRT-PCR)

Relative Quantifizierung durch qRT-PCR

Die relative Quantifizierung von RNA erfolgte mit Hilfe von SYBR Green, das spezifisch an doppelsträngige DNA bindet. Während der PCR-Reaktion wird die Zunahme der Fluoreszenz durch die Zunahme des amplifizierten Produkts in Echtzeit gemessen. Geeignete Primer wurden mit der Primer3 Software ermittelt und die Reaktion in 384-well Platten in einem 18 µl Ansatz durchgeführt.

Pipettierschema für einen qRT-PCR Ansatz:

Menge	Reagenz
• 9 µl	cDNA Verdünnung
• 3 µl	Primermix (4.5 pmol pro Primer)
• 9 µl	SYBR Green PCR Master Mix

Für dir PCR wurden 6 ng cDNA verwendet und für die Standardkurve mit einer Verdünnung von 6 ng begonnen und dann in 1:2 Verdünnungen entsprechend weniger eingesetzt bis zu einer Verdünnung von 0,375 ng cDNA. Zum Abgleich der cDNA-Mengen wurde das Haushaltsgen GAPDH verwendet.

4.4.14 Hybridisierung der Microarrays und Analyse der Primärdaten

Die Hybridisierung von Affymetrix® GeneChips U74v2 wurde im Rahmen einer Kooperation von Dr. Florian Wagner am Deutschen Ressourcenzentrum für Genomforschung, Berlin, durchgeführt. Die Auswertung der Daten erfolgte mit der Microarray Suite 5.1 von Affymetrix. Die Sortierung nach Genontologien (GOs) wurde anhand der Annotationen durchgeführt.

4.5 *In Situ* Hybridisierung (ISH)

Die ISH stellt eine Nachweismethode für mRNA direkt in einzelnen Zellen, Geweben und intakten Embryonen dar. Dabei wird mit einer synthetisierten Sonde, am Ort der Expression, die gesuchte mRNA sichtbar gemacht, indem die antisense Sonde und komplementäre mRNA hybridisieren. Die Hybriden werden mit einem, gegen Digoxygenin (DIG) gerichteten, Antikörper, der an alkalische Phosphatase gekoppelt ist, detektiert und daraufhin, durch eine enzymatische Reaktion, farblich sichtbar gemacht. Auf diese Weise lassen sich auch der Expressionslevel und das Expressionsmuster des jeweiligen Gens gewebespezifisch und im Laufe der embryonalen Entwicklung untersuchen.

4.5.1 Herstellung von DIG-markierten Sonden

Um eine spezifische RNA Sonde zu erhalten wurden Primer gewählt, die in der 3′ UTR des jeweilig interessanten Gens liegen und ausschließlich mit dieser hybridisieren können. Üblicherweise wurden Sonden in der Größe ~500 bp gewählt. Mit Hilfe einer spezifischen Sonden-PCR, mit cDNA als Vorlage, wurde das DNA-Fragment von Interesse amplifiziert. Das Produkt der PCR wurde aufgereinigt und in pTA-GFP kloniert. Der pTA-GFP Vektor trägt Sp6 und T7 Promotoren und ist damit geeignet, je nach Insertionsrichtung des Fragments, in jedem Fall eine antisense Sonde herstellen zu können. Erhaltene Klone wurden mittels Kolonie-PCR getestet und die Spezifität über Sequenzierung bestätigt. Für die Transkription wurde das Eluat einer Sp6/T7 PCR, aufgereinigt und als Vorlage eingesetzt. Je nach Orientierung des Fragments wurde Sp6- oder T7-RNA-Polymerase für die Transkription gewählt. Die *in vitro* Sondentranskription und Markierung mit DIG erfolgte mit dem DIG RNA Labeling Kit (Roche) nach Angaben des Herstellers. Nach dem Abstoppen der Reaktion wurde die erhaltenen RNA gefällt, indem das Volumen auf 100 µl mit H_2O-DEPC aufgefüllt wurde, der Ansatz mit 10 µl LiCl und 300 µl eiskaltem EtOH 100% versehen wurde und der Ansatz mind. 1 h bei -80°C inkubiert wurde. Nach einer Zentrifugation von 30 min bei 13.000 rpm bei 4°C wurde 2 x mit 70% EtOH gewaschen und das finale RNA-Sediment in RNAse freiem Wasser in 100 µl aufgenommen. Nach der Kontrolle der Sonde auf einem Agarosegel war eine Lagerung der Sonden bei -80°C stabil möglich.

4.5.2 Whole mount *in situ* Hybridisierung (WM-ISH)

Für eine WM-ISH wurden Embryonen der Stadien E9.5 –E13.5 in PBS/DEPC präpariert und üN in 4% PFA/PBS fixiert. Am folgenden Tag wurden die Embryonen 2 x 15 min in PBST gewaschen, 2 x 15 min in 50% MetOH und zuletzt in 100% für mind. 15 min inkubiert. Nach

Methoden

einem Wechsel des 100% MetOH war eine Lagerung der Embryonen bei -20°C über mehrere Wochen möglich.

Zur Hybridisierung wurden die Embryonen in einer absteigenden MetOH Reihe rehydriert, mit PBST zweimal gewaschen und in 6% Wasserstoffperoxid in PBST für 1 h bei 4°C gebleicht. Je nach Entwicklungsstadium schloss sich ein 3-8 minütiger Verdau mit Proteinase K bei RT an, der die Embryonen für die Sonde besser zugänglich macht. Die Stadien E9.5 –E11.5 werden mit 10 µg/ml Proteinase K für 3min, E12.5 mit 20 µg/ml für 5 min und E13.5 mit 20 µg/ml für 8 min verdaut. Nach gründlichem Waschen mit PBST, PBST/Glycin und RIPA-Puffer wurden die Embryonen für 20min in 4%PFA/0,2% Glutaraldehyd fixiert und wieder mehrfach in PBST, PBST/Hybridisierungspuffer und Hybridisierungspuffer gewaschen. Nach der Prähybridisierung bei 65°C für mindestens 3 h wurden die Embryonen üN mit der gewünschten Sonde bei ebenfalls 65°C inkubiert. Für die Herstellung des Sondenmixes wurden Hybridisierungspuffer und tRNA (100µg/ml) 100:1 gemischt und je 1 ml davon mit 10 µl Sonde (Endkonzentration 0,25µg/ml) vereint. Dieser Mix wurde 5min bei 80°C inkubiert, um die Sonde zu denaturieren, und im Anschluss zu den Embryonen gegeben. Überschüssige Sonde wurde am nächsten Tag entfernt, indem zwei mal 30 min bei 65°C mit frischem Hybridisierungspuffer gewaschen wurde. Nachdem die Embryonen auf RT abgekühlt waren, folgte ein RNaseA-Verdau bei 37°C. Anschließend wurde mehrfach mit Formamid-Puffer bei 65°C gewaschen, zunächst 1:1 verdünnt mit RNase-Lösung und später verdünnt mit MABT (1:1), gefolgt von zwei Waschschritten mit MABT. Zur Absättigung unspezifischer RNAs wurden die Präparate in Blockierlösung 1 h vorbehandelt und anschließend üN bei 4°C mit Anti-DIG-Fab Antikörper (1:5000) in 1% BBR/MABT rotierend inkubiert. Ungebundener Antikörper wurde während 1-tägigem Waschen mit PBST/Tetramisol unter mehrfachem Lösungswechsel entfernt. Zur Detektion des Antikörpersignals wurden die Embryonen zunächst 3 x für 20 min in ALP-Puffer äquilibriert und anschließend mit BM Purple AP Substrat versehen und bei RT inkubiert bis ein deutlich sichtbares Signal zu erkennen war. Zur Konservierung der Signale wurden die Präparate letztlich 3 x mit ALP-Puffer gewaschen und in 4% PFA/PBS fixiert. Die Dokumentation der Ergebnisse erfolgte mit dem Binokular und der AxioVision 4.6 Software. Eine Lagerung der gefärbten Embryonen war bei 4°C möglich.

4.5.3 Section *in situ* Hybridisierung

Für eine *in situ* Hybridisierung auf 7 µm dicken Paraffin-Gewebeschnitten wurden diese erst entparaffinisiert und rehydriert. Dazu wurde 2 x 15min in UC, 2x 10 min in 100%EtOH, 5 min in 70% EtOH, 5 min in 50% EtOH/PBS, 5min in 25% EtOH/PBS und dann 2 x 5 min in PBS inkubiert. Fixiert wurde 10 min in 4% PFA/PBS, danach 3 x mit PBST gewaschen und in

Proteinase K-Lösung verdaut 10 min lang verdaut. Hierbei war die Konzentration der Proteinase K abhängig davon, wie alt die Embryonen bei der Präparation waren. Für E12.5 und E13.5 wurden 15 µl, für E14.5 100 µl und für E16.5 sowie alle älteren Stadien 200 µl eingesetzt. Bei Stadien älter als E16.5 verlängerte sich der Verdau auf 20-30 min. Nach der Proteinase K Behandlung wurde erneut 3 x in PBST gewaschen, wiederum für 5 min in 4% PFA/PBS fixiert, 3 x gewaschen mit PBST und dann acetyliert. Hierfür wurde frische Acetylierungslösung angesetzt und 10 min inkubiert. Nach finalem dreimaligen waschen mit PBST, wurde für mind. 4 h mit vorgewärmtem Hybridisierungsbuffer bei 65°C in einer Feuchtkammer, die mit 5xSSC/50% Formamid versehen war, vorhybridisiert, um unspezifische Bindungen abzudecken. Die eigentliche Sondenhybridisierung fand üN bei 65°C ebenfalls in einer Feuchtkammer statt. Die Sonde wurde in einer Konzentration von 1 µl auf 100µl Hybridisierungspuffer eingesetzt und vor der Verwendung bei 85°C für 5 min denaturiert. Am folgenden Tag wurde nach einem kurzen Waschschritt in 5x SSC und anschließendem Waschen 1x SSC/50% Formamid die überschüssige Sonde entfernt. Hierfür wurde erst 10 min bei 37°C in RNAse-Waschpuffer inkubiert, dann 30 min bei 37°C in RNAse-Waschpuffer mit 400 µl / 200 ml RNAse A die Restsonde beseitigt. Es folgte ein finales Waschen in RNAse-Waschpuffer und weitere Waschschritte. Erst für 20 min bei 65°C in 2x SSC, dann 2 x 20 min bei 65°C in 0,2x SSC. Hiernach wurden die Objektträger vorbereitet für die Antikörperinkubation. Nach zweimaligem Waschen in MABT bei RT wurde über mind. 2 h mit 20% HISS/MABT in einer Feuchtkammer bei RT geblockt, um unspezifische Wechselwirkungen mit dem Antikörper zu vermeiden. Während des Blockierens wurde der Antikörper anti-DIG-AP in 5% HISS/MABT bei 4°C in einer Verdünnung von 1: 2500 vorinkubiert und schließlich wurde üN in einer Feuchtkammer bei 4°C mit der Antikörperlösung inkubiert. Zur Detektion des Antikörpers wurden die Schnitte 3 x in MABT gewaschen, 10 min in ALP-Puffer gewaschen und letzlich die enzymatische Reaktion mit Hilfe von NBT/BCIP in ALP-Puffer bei RT herbeigeführt. Die Schnitte wurden lichtgeschützt so lange inkubiert, bis ein deutlich dunkles spezifisches Signal sichtbar war. Zum Beenden der Reaktion wurden die Präparate 10 min in ALP-Puffer gewaschen, 2 x in PBS gewaschen, 30 min bei RT in 4% PFA/PBS fixiert, abschließend 2 x in PBS gewaschen und dann mit HydroMatrix eingedeckelt. Die photographische Auswertung erfolgte mit einem Mikroskop und AxioVision 4.6 Software. Eine Lagerung der fixierten Objektträger ist über sehr langen Zeitraum möglich.

Methoden

4.6 Bead Implantation

Hühnereier wurden für 5 Tage im Brutschrank bei 37°C inkubiert. Speziell dafür hergestellte Beads wurden entweder mit 4 mg/ml RA in DMSO oder 0,1 g/ml Citral in DMSO für ca. 15 -30 min bei RT inkubiert, nachdem sie für 2 h bei RT mit PBS gewaschen worden waren. Um auszuschließen, dass es sich bei eventuell sichtbaren Effekten um Implantationsartefakte handelt, wurden als Kontrollen Beads auch nur in DMSO inkubiert und ebenfalls implantiert. Hierfür wurden die Eier vorsichtig geöffnet, die Fruchthüllen über dem Embryo entfernt und die Kügelchen vorsichtig in die Extremitäten platziert, ohne dabei die Blutgefäße zu verletzen. Die Eier wurden eindeutig beschriftet sorgfältig mit Tesafilm verschlossen und dann weitere 24 h bebrütet. Nach der Entnahme der Embryonen wurden diese in 4% üN fixiert, für die Paraffineinbettung vorbereitet, geschnitten und eine *in situ* Hybridisierung auf 5 μm dicken Schnitten durchgeführt, wobei nicht implantierte und DMSO behandelte Extremitäten als Kontrollen dienten.

Methoden

4.7 Zellkulturmethoden

4.7.1 Einfrieren von Zellen

Die Zellen in der Kulturflasche wurden mit 10 ml vorgewärmtem DPBS gewaschen und dann mit 1 ml Trypsin versehen und für maximal 3 min im Brutschrank inkubiert. Durch zusätzliches Klopfen mit der Kulturflasche konnte man die Zellen vollständig vom Flaschenboden lösen. Dann wurden 10 ml vorgewärmtes Medium hinzu gegeben und 5 min bei 800 rpm zentrifugiert. Das Sediment einer mittleren Flasche wurde in 1.5 ml Medium aufgenommen und je 0,5 ml in Kryoröhrchen pipettiert. Zu dieser Lösung wurde jeweils 0.5 ml 2x Einfriermedium hinzu gegeben und sofort in einer Einfrierbox bei -80°C eingefroren und schließlich im Stickstofftank gelagert. Es war auf eine deutliche Beschriftung der Röhrchen mit Datum, Zelllinie, Passage und Namen bzw. Initialen des Einfrierers zu achten.

4.7.2 Auftauen von Zellen

Die gewünschten Zellen wurden im Wasserbad schnell bei 37°C kurz aufgetaut und sofort in ein Falcon überführt in dem bereits 10-15 ml warmes Medium vorgelegt waren, um schädliche Rückstande des Einfriermediums zu neutralisieren. Die Suspension wurde 5 min bei 8000 rpm zentrifugiert, das Medium abgesaugt und die Zellen in frischem Medium resuspendiert. Der gesamte Ansatz konnte nun in Zellkulturflaschen überführt werden, durch kreisende Bewegungen der Flasche eine gleichmäßige Verteilung der Zellen erreicht werden, und diese dann bei 37°C und 5% CO_2-Sättigung und regelmäßigem Medienwechsel im Brutschrank kultiviert werden.

4.7.3 Splitten von Zellen

Wenn Zellen eine Konfluenz von ca. 80% erreicht hatten wurden sie geteilt. Die Zellen in der Kulturflasche wurden mit 10 ml vorgewärmtem DPBS gewaschen und dann mit 1 ml Trypsin versehen und für maximal 3 min im Brutschrank inkubiert. Durch zusätzliches Klopfen mit der Kulturflasche konnte man die Zellen vollständig vom Flaschenboden lösen. Sobald die Zellen sich vollständig abgelöst hatten, wurden 10 ml vorgewärmtes Medium zugegeben, um den schädlichen Effekt von Trypsin gering zu halten. Die Suspension wurde 5 min bei 8000 rpm zentrifugiert und die Zellen danach in frischem Medium sorgfältig resuspendiert. Nach Auszählung der Zellzahl könnte die gewünschte Zellmenge entweder in Kulturplatten, -schalen oder -flaschen ausgesät werden.

Methoden

4.7.4 Bestimmung der Zellzahl
Um eine bestimmte Zellzahl zu definieren wurde die Anzahl der Zellen in einer Lösung gezählt. Dazu wurden 20 µl einer Zelllösung in eine Neubauer-Zellkammer pipettiert und die 4 Quadrate jeweils ausgezählt. So ließ sich ein Mittelwert bestimmen, der die Zellzahl $x*10^4$ angab.

4.7.5 Transfektion von Zellen
Unter Transfektion versteht man das Einbringen von fremder DNA in Zellkulturzellen. Man kann unterscheiden zwischen transienter Transfektion, dem vorübergehenden Einbringen des Plasmids, und stabiler Transfektion, dem dauerhaften Einbau in das Genom der Kulturzelle. Zur Transfektion wurde ExGen500 (Fermentas) den Angaben im Herstellerprotokoll gemäß verwendet.

4.7.6 Micromasskulturen
Micromasskulturen ermöglichen die Analyse aller Stadien der Knorpeldifferenzierung. Die Präparation und Kultivierung der Zellen ist detailliert beschrieben (DeLise et al. 2000, Seemann et al. 2005). Befruchtete Hühnereier wurden 4.5 d bei 37,5°C bebrütet. Die Embryonen (HH22-HH24) wurden aus dem Ei präpariert und in PBS überführt. Die Extremitätenknospen von 10-40 Embryonen wurden in HBSS gesammelt und anschließend bei 37°C mit Dispase (3mg/ml in HBSS) für ca. 15 min verdaut, bis sich das Ektoderm ablöste. Nach mehrfachem Waschen mit HBSS wurde der Zellverband mit 0.1% Collagenase TypIa; 0.1% Trypsin; 5% FCS in PBS ohne Ca/Mg in einem Wasserbad bei 37° C aufgelöst, dann 1 ml vorgewärmtes chMM-Medium dazugegeben, die Zellen vereinzelt, danach durch ein Zellsieb filtriert und die Zellzahl bestimmt. Die Zellen wurden für 5 min bei 1000 rpm zentrifugiert und anschließend so aufgenommen, dass die Zellzahl $2*10^7$ Zellen/ml betrug. Pro angelegte Kultur wurden 10 µl zentral in der Platte durch Auftropfen ausgesät. Die Kulturen wurden 2 h bei 37° C und 5% CO_2 inkubiert, damit die Zellen sich absetzen konnten, und danach mit 1 ml chMM-Medium versorgt. Das Medium wurde alle 2-3 Tage gewechselt. Zur Analyse wurde mit Alcian Blau gefärbt und quantifiziert.

Mäuse-Micromasskulturen

Das Anlegen von MM-Kulturen aus Mäuseembryonen erfolgte, mit geringen Änderungen, wie das Kultivieren der chMM-Kulturen. Embryonen im Stadium E13.5 wurden entnommen, in vorgewärmtes DPBS überführt und die Extremitätenknospen in HBSS gesammelt. Nach 15 min Dispaseverdau wurde das Ektoderm gründlich abgelöst, durch sorgsames Auf- und Abpipettieren (10-15 x). Der Zellverband wurde für 45 min mit der Verdaulösung aufgeschlossen und dann genauso weiter behandelt wie die chMM. Allerdings wurden hier $3,6*10^7$ Zellen aufgetropft.

Methoden

Alcian Blau-Färbung von Micromasskulturen

Zu gewünschten Zeitpunkten wurde das Medium abgesaugt und 1 x mit DPBS gewaschen. Unter dem Abzug wurden die Kulturen für 15 min bei RT mit Kahles´ Fixativ fixiert und danach 3 x mit PBS gewaschen. Zur Färbung der differenzierenden Zellen wurden 300 µl Alcian Blau Färbelösung zu den Zellen gegeben und üN bei RT auf der Wippe gefärbt. Am nächsten Tag wurde die Färbelösung mit voll entsalztem Wasser gespült, bis sich kein Farbstoff mehr löste. Die Kulturen wurden in den Zellkulturplatten getrocknet, abschließend fotografisch ausgewertet und mit AxioVision Outmess® quantifiziert.

4.8 Immunzytologie

In eukaryotischen Zellen kann die Verteilung von Proteinen auf unterschiedliche Arten beobachtet werden. So codiert zum Beispiel eine Sequenz für das grün-fluoreszierende Protein EGFP (enhanced green fluorescent protein). EGFP, eine optimierte Mutante des GFP-Proteins aus der Qualle *Aequorea victoria*, gehört zu den Chromoproteinen und absorbiert Licht der Wellenlänge 488 nm und emittiert es wiederum bei 507 nm. In transfizierten Zellen können EGFP-Fusionsproteine exprimiert werden und somit das Expressionsmuster direkt am Fluoreszenzmikroskop betrachtet werden. Für nicht EGFP-gekoppelte Proteine musste die Hilfe der Immunlokalisation herangezogen werden.

Mittels dieser Methode wird die Verteilung bestimmter Protein mit spezifischen Antikörpern detektiert. Hier wird meist die indirekte Immunfluoreszenz angewendet. Dabei wird ein spezifischer, gegen das gesuchte Protein gerichteter Antikörper, durch einen sekundären Antikörper, der eine Markierung trägt, sichtbar gemacht. Bei der Markierung handelt es sich zum Beispiel um einen Fluoreszenzfarbstoff, der bei der Anregung mit Licht bestimmter Wellenlänge eine spezifische Fluoreszenz erzeugt. Das sichtbare Fluoreszenzmuster im Mikroskop entspricht der zellulären Verteilung des untersuchten Proteins. Hier kann man sowohl endogenes, als auch durch Transfektion überexprimiertes Protein nachweisen.

Die Zellen, die auf Deckgläschen ausgesät und 24 h zuvor mit ExGen und dem gewünschten DNA-Konstrukt transfiziert worden waren, wurden 2 x mit PBS gewaschen und dann 20 min mit MetOH bei -20°C für 10 min fixiert, alternativ konnte auch 15 min mit 4% PFA/PBS fixiert werden. Die Fixierung mit MetOH macht eine Permeabilisierung der Membran eigentlich unnötig, doch zur besseren Antikörperreaktion wurde zusätzlich 5-10 min mit 0,2% TritonX in PBS bei RT oder in 3% BSA / 0.1% Saponin permeabilisiert. Zwischen Fixierung und Permeabilisierung konnte wahlweise noch ein Zwischenschritt durchgeführt werden, der internalisierte Fluorophore, wie Tryptophan oder Phenylalanin abfängt, dazu wurde 10 min mit 50 mM NH_4Cl in PBS inkubiert. Nach zweimaligem Waschen in PBS wurden unspezifische Bindungen mit 3% BSA in PBS oder 10% FCS in PBS bei RT mindestens 30 min in einer Feuchtkammer abgesättigt und danach mit dem primären Antikörper in der jeweiligen Verdünnung inkubiert. 50 µl der AK-Lösung wurden in der Feuchtkammer vorgelegt und dann das Deckgläschen über Kopf darauf platziert, so konnte das Austrocknen üN bei 4°C verhindert werden. Am folgenden Tag wurde dreimal in PBS gewaschen und mit passenden sekundären Antikörper in der jeweiligen Blockierungslösung für 1 h bei RT inkubiert. Zu dieser Inkubationslösung wurde ebenfalls DAPI (1:750) hinzugefügt, ein blau fluoreszierender DNA-Marker, der den Zellkern anfärbt, was die Orientierung innerhalb der Zelle erleichtert. Nach erneutem dreimaligem Waschen mit PBS wurde in Fluoromount G eingedeckelt. Bei Lagerung bei 4°C und lichtgeschützt konnten die Objekte auch nach mehreren Wochen noch analysiert werden. Die jeweiligen Verdünnungen der Antikörper sind in der Tabelle bei Materialien ersichtlich.

4.9 Immunhistologie

Als Immunhistologie bezeichnet man das sichtbar Machen von Proteinen in Geweben mit Hilfe von Antikörpern. So kann man Aussagen darüber treffen, in welchem Gewebe sich ein Protein befindet, oder ob es, innerhalb der Zelle auf ein bestimmtes Kompartiment beschränkt vorkommt. Für Antikörperfärbungen können entweder gesamte Embryonen oder Gewebeschnitte verwendet werden. Spezifische Antikörper besitzen selektive Affinitäten zu bestimmten Antigenen, die Gewebe- oder Kompartiment-spezifisch sind, und daher einen Nachweis ermöglichen. Optimalerweise kommt es zu einer spezifischen Bindung zwischen Antigen und Antikörper, der wiederum an ein Detektionssystem gekoppelt ist und direkt sichtbar gemacht werden kann, oder erst verstärkt und dann sichtbar gemacht wird. Verschiedene Detektionssysteme, meist enzymatische Reaktionen über alkalische Phosphatase oder Peroxidase, erlauben es ein Signal am Ort des erkannten Epitops zu betrachten.

In dieser Arbeit wurden alle immunhistologischen Untersuchungen auf 5-7µm dicken Paraffinschnitten durchgeführt und in den meisten Fällen direkt fluoreszenzgekoppelte Sekundärantikörper verwendet. Die Gewebeschnitte wurden erst in folgender Lösungsreihe deparaffinisiert und rehydriert: 30-40 min in UC, 2 min in 100% EtOH, 2 min in UC, 2 min in 100% EtOH, 2 min in UC, 5 min in 100% EtOH, 5 min in 90% EtOH, 5 min in 70% EtOH, 5-15 min in H_2O bidest. Anschließend wurde, zur besseren Antikörpererkennung, entweder in Citratpuffer, oder high pH Puffer 2 x 3 min gekocht, und danach auf RT ungefähr 30 min abgekühlt. Nach 5 min waschen in PBS wurde mit 0,2% TritonX in PBS für 15 min bei RT permeabilisiert, erneut gewaschen, und dann unspezifische Bindungsstellen mit 5% NGS/0,2% Tween in PBS für mindestens 1 h bei RT in einer Feuchtkammer blockiert. Direkt im Anschluss folgte die Inkubation mit dem Primärantikörper üN bei 4°C in einer Feuchtkammer, wobei sich die Verdünnung je nach AK richtete, ebenso wie die Lösung in der inkubiert wurde, entweder 5% NGS/0,2% in PBS oder 3% BSA/1% Saponin in PBS. Am nächsten Tag wurde dreimal bei RT in PBS für mindestens 5 min gewaschen und für 1-2 h bei RT in einer Feuchtkammer mit dem Sekundärantikörper inkubiert. Bei dieser Inkubation wurde DAPI in einer Verdünnung von 1:750 zugegeben um Zellkerne sichtbar zu machen. Nach gründlichem Waschen wurden die Gewebeschnitte mit Fluoromount G eingedeckelt, wenn es sich um fluoreszierende Sekundärantikörper handelte.

Wenn das so detektierte Signal nicht zufrieden stellend war, konnte ein verstärkender Schritt, über einen zusätzlichen AK, durchgeführt werden. Hierzu wurde ein biotynilierter Sekundärantikörper verwendet, mit dem in 5 % NGS/0,2% Tween in PBS bei RT für 30 min inkubiert wurde. Nach dreimaligem Waschen wurde dieser AK über eine enzymatische Reaktion mittels des kommerziellen Vectastain ABC Reagent Kits, gefolgt von einem weiteren DAB Kit sichtbar gemacht, wobei den Angaben im Protokoll gefolgt wurde und dann in Entellan eingedeckelt wurde.

Methoden

4.10 Fluoreszenzmikroskopie

Um Proteine in einer Zelle zu lokalisieren ist eine sehr effektive, häufig angewandte Methode, eine Fluoreszenzfärbung von Zellen durchzuführen und diese am Lichtmikroskop zu betrachten. Fluoreszenzfarbstoffe absorbieren Licht einer bestimmten Wellenlänge und emittieren es bei einer anderen, größeren Wellenlänge. Das Präparat wird nur mit der Wellenlänge beleuchtet, die vom verwendeten Farbstoff absorbiert wird, alles andere wird gefiltert. Die Probe, bzw. der in ihr enthaltene Farbstoff, strahlt nun wiederum Licht ab, das durch ein weiteres Filtersystem im Okular betrachtet werden kann. Die Ergebnisse können mit Hilfe einer digitalen Kamera festgehalten werden. Nach Immunlokalisationen wurde so das detektierte Protein am Mikroskop beobachtet.

4.11 Luciferase-Reporter-Assay

Genetische Reportersysteme sind ein weit verbreitetes Verfahren um eukaryotische Genexpression zu untersuchen. Die Anwendungen beinhalten Untersuchungen zu Rezeptoraktivitäten, intrazellulärem Signaltransport, mRNA Prozessierung und Proteinfaltung. Doppelreporter werden häufig verwendet um eine experimentelle Richtigkeit zu gewährleisten, da zeitgleich zwei individuelle Reporterenzyme innerhalb desgleichen Systems gemessen werden. In diesem Fall wurde Renilla-Luciferase mit transfiziert und exprimiert, die eine interne Kontrolle bietet und als Normalisierungshilfe dient. Die Normalisierung gegen eine interne Kontrolle minimiert die experimentelle Variabilität durch Zellunterschiede und Transfektionseffizienzen. Das Dual-Glo® Luciferase-Reporter-System bietet eine Möglichkeit, die Aktivität von Firefly-Luciferase (*Photinus pyralis*) und Renilla-Luciferase (*Renilla reniformis*) hintereinander im gleichen Ansatz zu messen. Firefly- und Renilla-Luciferase haben unterschiedliche Strukturen, da sie aus verschiedenen Organismen stammen, und benötigen daher auch unterschiedliche Substrate. Dies ermöglicht eine selektive Unterscheidung ihrer biolumineszenten Reaktion. Im Dual-Glo® System wird die Luminesenz der Firefly-Luciferase gestoppt und zeitgleich wird die Reaktion der Renilla-Luciferase aktiviert. Die Firefly-Luciferase ist ein ungefähr 60 kDA großes Protein, dass keinerlei Modifizierung mehr benötigt, um enzymatisch aktiv zu sein. Luciferin wird in einer ATP, $Mg2+$ und O_2 abhängigen Reaktion oxidiert und dies erzeugt, schnell nach der Substratzugabe, eine Lichtreaktion. Verstärken kann man diese Reaktion durch die Zugabe von CoA, was auch die Luminesenz stabilisiert. Renilla-Luciferase ist ein ungefähr 35 kDA großes Protein, das ebenfalls nicht modifiziert werden muss, ebenso sofort biolumineszent aktiv ist, aber ein anderes Substrat benötigt als Firefly.

Methoden

Alle Luciferase-Reporter-Assays wurden in 24-Loch Platten durchgeführt. Für alle Versuche wurden $5*10^7$ Cos7 Zellen ausgesät und 24 h mit ExGen500 laut Herstelleranweisungen transfiziert. Pro Loch wurden mit 150 ng Promotorkonstrukt, 300 ng Hox-Konstrukt und 10-15 ng Renilla-Luciferase eingesetzt. Da immer Duplikate angelegt wurden, wurden die doppelten DNA Mengen berechnet, um eine möglichst hohe Gleichheit innerhalb der Reaktionsansätze zu erzielen. Fehlende DNA-Mengen wurden mit Leervektor ausgeglichen, um die vom Hersteller geforderten DNA-Mengen zu erreichen. Wichtig war in jedem Versuch eine Leervektorkontrolle und eine untransfizierte Kontrolle durchzuführen, um jeden Versuch in sich normalisieren und auswerten zu können. Nachdem die Zellen ausgesät und transfiziert worden waren, wurde wahlweise nach 24 h oder nach 48 h der Dual-Glo® Luciferase Assay den Angaben vom Hersteller folgend durchgeführt, die dabei verwendeten Modifikationen sind im folgenden aufgeführt. Das Medium wurde abgesaugt und die Zellen einmal in DPBS gewaschen, gründlich trocken gesaugt und bei -80°C eingefroren. Die Zellen wurden dann in 100 µl Passive Lysis Buffer (Promega) mindestens 15 min auf einer Wippe bei RT inkubiert und dann durch gründliches Auf-und Abpipettieren gelöst. 25 µl dieses Lysats wurden in einer Platte mit 25 µl Dual-Glo® versehen, gründlich geschwenkt und dann im Luminometer mit 10 min Zeitverzögerung gemessen. Im Anschluss wurde Dual-Stop and Glo® mit Substrat (1:100) versetzt, von diesem Gemisch 25 µl zu dem, bereits gemessenen, Luciferaseansatz gegeben und erneut gemessen. Normalisiert wurden gegen die Renilla-Messwerte.

4.12 Proteinbiochemie

4.12.1 Zellpräparation und Zelllyse

Sowohl für Luciferase-Reporter-Assays, als auch zur Vorbereitung von Zellen für eine Analyse im Western Blot, wurden die Zellen zweimal mit DPBS gewaschen und danach lysiert. Für Western Blot Analysen wurden die Zellen in 500 µl Lysispuffer, optional nach Zugabe von Proteinaseinhibitoren, aufgenommen. Die Platten wurden 45-60 min bei 4°C in Bewegung inkubiert, die Lösung gründlich resuspendiert, in ein vorgekühltes Eppendorf-Reaktionsgefäß gegeben und 15 min bei 3000 rpm zentrifugiert. Der Überstand wurde in ein frisches Gefäß überführt, in flüssigem Stickstoff schockgefroren und bei -80°C gelagert.

4.12.2 Bestimmung der Proteinkonzentration

Die Messung der Proteinkonzentration erfolgte nach Anleitung des Herstellers (BCA Protein Assay Reagent Kit). Eine Eichgerade mit BSA diente der Berechnung der unbekannten Proteinkonzentrationen. Die Absorption bei 562nm wurde mit einem ELISA-Reader gemessen.

4.12.3 SDS-PAGE nach Laemmli (1970)

Die Methode zur Auftrennung und zur Reinheitskontrolle der Proteine ist üblicherweise die der SDS-Polyacrylamid-Gelelektrophorese (SDS-PAGE). Die Geschwindigkeit, mit der Moleküle durch ein elektrische Feld wandern, hängt im Normalfall von drei Faktoren ab: ihrer Größe, ihrer Form und ihrer elektrischen Ladung. Im Fall der SDS-PAGE ist allerdings einzig die Masse des Moleküls für die Wanderungsgeschwindigkeit ausschlaggebend. Erreicht wird dies, indem man sowohl dem Gel, als auch dem Laufpuffer SDS zugibt. Dieses Detergenz, mit stark amphipatischen Eigenschaften, denaturiert oligomere Proteine und zerlegt sie in ihre Untereinheiten. SDS-Moleküle binden an die entfalteten Peptide und versehen sie somit mit einer stark negativen Ladung, was bedeutet, dass sie im elektrischen Feld zur positiv geladenen Anode wandern. Um die Denaturierung zu vervollständigen werden den Proteinen im Probenpuffer Thiole zugegeben, welche die Disulfidbrücken innerhalb der Proteine spalten. Für eine schärfere Proteinbande, wird das Gel in Sammel- und Trenngel unterteilt.

Pipettierschema für ein 12%iges Proteingel

Sammelgel (5ml)		Trenngel	
Menge	Reagenz	Menge	Reagenz
• 3.4 ml	H_2O	• 6.6 ml	H_2O
• 0,83 ml	30% Acrylamid-Mix	• 8 ml	30% Acrylamid-Mix
• 1.26 ml	0.5 M Tris, pH 6.8	• 5 ml	0.5 M Tris, pH 8.8
• 0.05 ml	10% SDS	• 0.2 ml	10% SDS
• 0.05 ml	APS	• 0.2 ml	APS
• 0.005 ml	TEMED	• 0.008 ml	TEMED

Saubere Glasplatten, mit seitlichen Platzhaltern, wurden in die dafür vorgesehene Vorrichtung eingesetzt und die Gießhöhe des Trenngels markiert. Die Trenngel-Lösung wurde pipettiert, zuletzt zugegebenes APS und TEMED lösten die Polymerisation der Gelmatrix aus. Der Ansatz wurde gut vermischt und mit einer Pasteur-Pipette bis knapp über die Markierung für das Trenngel in den Aufbau gegossen. Das Trenngel wurde sofort mit Isopropanol überschichtet, da ein Luftausschluss eine bessere Polymerisation nach sich zieht. Insgesamt ließ man das Trenngel zwischen 45-60 min aushärten. Anschließend konnte das Sammelgel pipettiert werden. Nachdem Isopropanol auf dem polymerisierten Trenngel entfernt worden war, wurde APS und TEMED zum Sammelgel-Ansatz hinzugegeben, die Lösung gut gemischt und mit einer Pasteur-Pipette in den Aufbau gegossen. In das Sammelgel wurde vorsichtig, luftblasenfrei ein Kamm, eingesetzt. Nach ausreichender Polymerisierungszeit konnte das Gel beladen werden. Vor dem Beladen wurden die Gele in eine Gelelektrophoresekammer gesetzt, diese mit SDS-Laufpuffer gefüllt, die Kämme entfernt, die Taschen vorsichtig einmal mit SDS-Laufpuffer gespült um Luftblasen zu entfernen und anschließend die Proben in die Taschen geladen, wobei ein Überlaufen vermieden wurde.

Vorbereitung der Proben

Die Proben stammten entweder aus Zellkulturlinien oder aus Lysaten der Extremitätenknospen und wurden immer direkt in Lysispuffer aufgenommen. Nach der Lyse, wurden die Proben mit Proteinprobenpuffer versehen und vor dem Beladen für 5 min bei 90°C denaturiert. Zusätzlich zu den zu analysierenden Proben wurde immer Prestained Protein Marker S#1811 (Fermentas) aufgetragen, dieser ermöglichte das Molekulargewicht der aufgetrennten Proteine zu erkennen.

Elektrophorese

An Gele wurde konstante Spannung von 100V angelegt. Die Gele konnten entweder für Analyse in Western Blots eingesetzt werden oder durch Coomassie-Färbung direkt betrachtet werden.

Methoden

4.12.4 Western Blot

Mit der Methode des Western Blottings ist es möglich, über die Detektion mit poly- und monoklonalen Antikörpern, Proteine aus Kulturzellen oder Zellfraktionen nachzuweisen. Dafür müssen die Proteine erst über SDS-PAGE aufgetrennt werden, im Anschluss auf eine Nitrozeluolosemembran übertragen und schließlich mit Antikörpern inkubiert werden. Dabei ist ein sekundärer Antikörper gegen die konstante Region des Primärantikörpers gerichtet und weiterhin an das Enzym Peroxidase gekoppelt, d.h. er kann durch ECL sichtbar gemacht werden.

Proteintransfer auf Nitrozellulosemembran

Zuerst wurde ein dem Gel entsprechend großes Stück Nitrozellulosemembran für 2-3 min in MetOH aktiviert. Danach wurden sowohl die Membran, als auch das Gel 15-30 min in Transferpuffer äquilibriert. Um die Proteine auf die Membran zu transferieren wurde, mit dem semi-dry-Verfahren in einer dafür vorgesehenen Kammer gearbeitet. Der Aufbau erfolgte von der negativ geladenen zur positiv geladenen Seite, hier von oben nach unten, mit einem Transferpuffer getränkten, dicken Whatman Papier, dem Gel, der aktivierten Membran, einem weiteren getränkten Whatman Papier. Eventuell entstandene Luftblasen wurden durch sanftes Rollen mit einem Glasröhrchen entfernt. Geblottet wurde für 30 min bei 20 V, danach die Blotvorrichtung abgebaut und die Markerbanden sogleich nachgezeichnet. Die Membran konnte für den Western Blot direkt eingesetzt werden.

Detektion der Proteine mittels Antikörper

Nach dem Blotten wurde die Membran zunächst in PBS, PBST oder TBST 5 min gewaschen und dann für mindestens 1h, besser deutlich länger, mit 5% Milch im jeweiligen Puffer bei RT blockiert, um unspezifische Bindungen abzudecken. Danach wurde die Membran dreimal für 5 min im Puffer gewaschen und danach üN bei 4°C in einem 50 ml Falcon auf dem Rollator mit dem gewünschten Antikörper inkubiert. Eine Tabelle der verwendeten Antikörper und entsprechenden Verdünnungen findet sich bei den Materialen. Nach der AK-Inkubation wurde dreimal gründlich mit Puffer bei RT gewaschen und schließlich bei RT für 1-1,5 h mit dem jeweiligen sekundären AK inkubiert, der an Peroxidase gekoppelt ist. Nach letztmaligem gründlichem Waschen ist es möglich die Proteine über eine enzymatische Reaktion auf der Membran zu visualisieren.

Visualisierung mit ECL (enhanced chemiluminescence)

Anhand der Peroxidase, die an den Sekundärantikörper gekoppelt war, wurden die Proteine auf der Nitrozellulosemembran detektiert. Die Peroxidase vermittelt durch Spaltung von Peroxid eine RedOx-Reaktion zweier Reagenzien und dabei wird Licht in Form chemischer

Methoden

Lumineszenz freigesetzt. Mit diesem Licht kann ein Röntgenfilm belichtet werden, so dass an den Stellen, wo Peroxidase, respektive die gesuchten Proteine, vorhanden sind, eine dunkle Bande entsteht. Nach der Antikörperinkubation wurden die ECL-Reagenzien 1 und 2 im Verhältnis 1:1 gemischt und der Blot darin 1-2 min inkubiert, wobei darauf zu achten war, dass die Membran überall benetzt war. Danach wurde ließ man die Membran abtropfen und verpackte sie, falten -und luftblasenfrei, in Frischhaltefolie. Nun wurde ein Röntgenfilm auf die Membran gelegt und exponiert. Die Dauer der Belichtung war abhängig von der Menge der vorliegenden Peroxidase und variierte zwischen 30 sec und 15 min, selten auch 1 h. Der Röntgenfilm wurde in einem dafür vorgesehen Gerät entwickelt und anschließend die Banden analysiert. Gegebenenfalls wurden die Filme eingescannt.

„Strippen" eines Western Blots und wiederholte Antikörperinkubation

Es ist möglich einen Western Blot für mehrfache Antikörperinkubationen zu verwenden, da die Proteine fest an die Nitrozellulosemembran gebunden bleiben. Um weitere Proteine auf der gleichen Membran nachzuweisen, mussten die gebundenen Antiköper zunächst entfernt werden. Hierfür wurde die Membran 3x in Puffer gewaschen, und dann zwei Mal für 10 min in Stripping-Puffer bei RT inkubiert. Nun konnten erneut ein Abblocken der Membran und eine weitere Antikörper-Detektion erfolgen.

Coomassie Blau Färbung eines Proteingels

Für die Coomassie Blau-Färbung wurde das Gel 1-2 h in der Färbelösung unter leichtem Schütteln inkubiert und anschließend über Nacht, ebenfalls unter leichtem Schütteln, in den Entfärber gelegt. Wenn zusätzlich ein Papiertuch in die Lösung gelegt wurde, konnte man die Reaktion beschleunigen, außerdem macht das zugegebene Papier den Wechsel von Entfärbelösung unnötig. Mit der Coomassie Färbung wurden spezifisch Proteine angefärbt, die man dann im Gel auf einer Leuchtplatte photographieren konnte.

Trocknen von Gelen

Wollte man Coomassie-gefärbte Gele über einen längeren Zeitraum aufbewahren, bestand die Möglichkeit sie zu Trocknen. Dafür wurden die entfärbten Gele mit Hilfe einer Folie auf Whatman- Papier überführt, ohne dass zwischen Papier, Gel und Folie Luftblasen verblieben. Dies wurde nun in einem Geltrockner für 90 min bei 75°C und maximaler Vakuumleistung getrocknet. Nachdem die Trockenzeit abgelaufen war ließ man das Gel, nun fest zwischen Papier und Folie, abkühlen, danach konnte es entnommen werden.

4.12.5 2D-Gelelektrophorese

Die Extremitätenknospen von den jeweiligen Tieren wurden bei E13.5 abpräpariert und sofort in flüssigen Stickstoff überführt. Bei -80°C gelagert und nach der Genotypisierung zusammengefasst. Pro Probe wurden je 40 Knospen gesammelt. Die 2D-Gelelektrophorese wurde in Kooperation mit Herrn Prof. Klose an der Charite wie bereits beschrieben (Klose & Kobalz 1995).

5. Ergebnisse

5.1 Phänotyp der *spdh* Mausmutante

Die mutante Mauslinie *spdh* bietet ein ideales Modell, den Phänotyp und die embryonale Entwicklung der Maus und die Pathogenese der SPD zu untersuchen. Die Mutation in dieser Linie trat spontan auf und wurde fortfolgend weitergezüchtet. Die Krankheit ist rezessiv vererbt und homozygote Tiere, die das Krankheitsbild ausbilden, sind lebensfähig, in Wuchs und Verhalten nahezu normal, männliche Tiere sind allerdings infertil. Die Mutation im Hoxd13 Gen wirkt sich ausschließlich auf die Pfoten der Tiere aus. Finger und Zehen sind deutlich verkürzt (Brachydaktylie) und zusätzliche Knorpel-, später Knochenelemente (Polydactylie), sind fusioniert (Syndactylie). Weiterhin ist zu beobachten, dass die Tiere eine starke Verzögerung in der Verknöcherung der Knorpelelemente zeigen, Gelenke entweder nicht vorhanden sind, und wenn, dann teilweise fusioniert sind. Wenn bei Tag 4 nach der Geburt die Verknöcherung begonnen hat, scheint diese nicht dem Modell der endochondralen Ossifikation zu folgen. Der auftretende Phänotyp ist von einer hohen Varianz gekennzeichnet, wobei die Vorderpfoten stets stärker betroffen sind, als die Hinterpfoten. Daher wird in der gesamten Arbeit nur auf die Mechanismen in der Vorderpfote eingegangen, sowohl hinsichtlich des Pathomechanismus, als auch in der Aufklärung der Embryonalentwicklung der Pfote.

Abbildung 11 : Vergleichende Skelettpräparationen

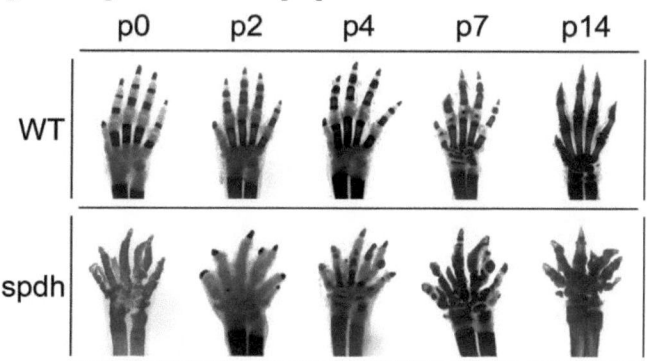

Ergebnisse

Gezeigt sind Skelettpräparationen von wt und *spdh* Mäusen zu verschiedenen Entwicklungsstadien nach der Geburt, von neugeboren (p0) bis zwei Wochen (p14) alt. Knorpel ist mit Alcian Blau, Knochen mit Alizarin Rot gefärbt. Deutlich erkennbar in allen Stadien sind die zusätzlichen Knorpelelemente an verschiedenen Stellen, die zumeist auch fusioniert sind, sowie die starke Verkürzung der Phalangen. Gelenke sind in den Mutanten kaum zu sehen. Wenn die Verknöcherung stark verzögert beginnt, findet diese in einem ungeordneten Muster und offensichtlich nicht über chondrale Ossifikation statt.

Abbildung 12: Morphologische Färbungen

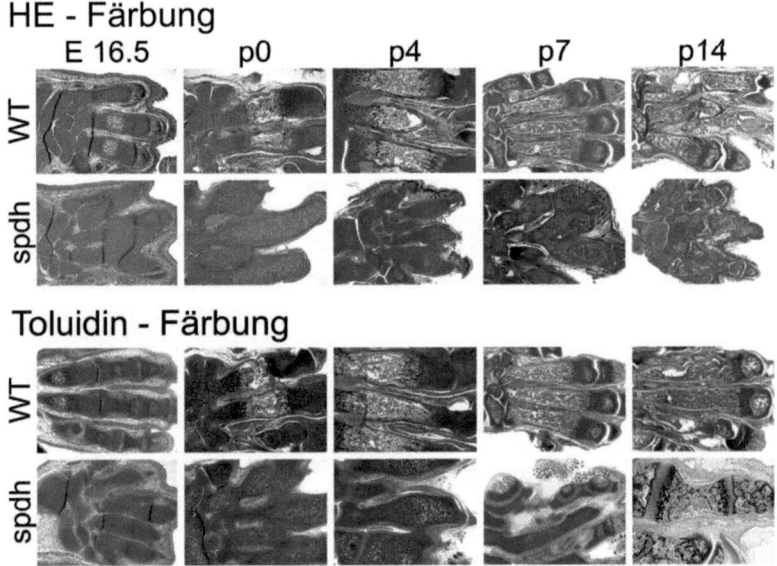

Abgebildet sind zwei unterschiedliche histologische Färbungen auf dekalzifizierten Paraffinschnitten von wt und *spdh* Vorderpfoten. In allen Stadien erkennt man zusätzliche Knorpelelemente und das Fehlen von Gelenken, wobei die defekte Verknöcherung während der Entwicklung augenscheinlich ist. Metacarpalen und Phalangen zeigen die Bildung von Ossifikationszentren, die Entstehung von endochondralem Knochen und den Beginn der Mineralisation eindeutig. In *spdh* Tieren hingegen beginnt die Ossifikation erst an p4, ist nicht nachvollziehbar strukturiert, und findet durch einheitliche Mineralisation der gesamten Knorpelanlage, nicht endochondral, statt.

Ergebnisse

Abbildung 13: μCT Aufnahmen von adulten *spdh* Vorderextremitäten

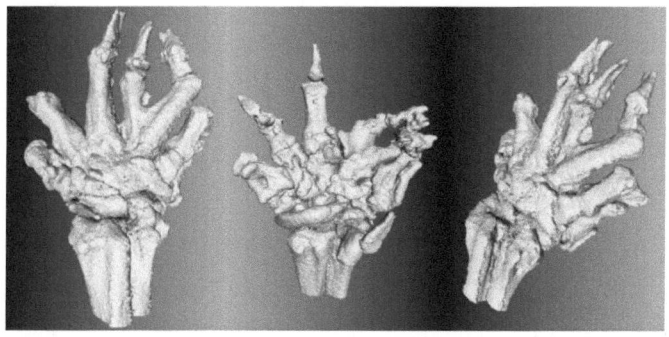

Die Darstellung zeigt verschiedene Ansichten der adulten *spdh* Vorderpfote in μCT Aufnahmen, die das Vorhandensein zusätzlicher, teilweise fusionierter Knochenelemente, die Verkürzung der Phalangen und die Fusion der Gelenke verdeutlichen.

5.2 Modifikation des Phänotyps

Während der Proteinbiosynthese müssen neu entstehende Proteine zunächst eine spezifische, funktionelle Konformation einnehmen, die bereits in der Primärstruktur verankert ist. Die Faltung der Proteine kann spontan richtig erfolgen, ist aber bei großen Proteinen meist auf Hilfe angewiesen, um eine ungewollte Aggregation zu vermeiden. Während der Neuentstehung helfen Chaperone (Anstandsdamen, zur Vermeidung schädlicher Kontakte von unreifen Proteinen) bei der korrekten Faltung der Proteine. Diese hoch konservierte Familie interagiert, über nicht kovalente Bindung, mit Proteinen, die zur Aggregation neigen und verhindern so eine Komplexbildung mit anderen Proteinen; die richtige Faltung wird beschleunigt. Außerdem übernehmen die Chaperone die Aufgabe, Proteine nach der Passage durch die Zellmembranen wieder in die gewünschte Konformation zu bringen und Fehler in Proteinen zu korrigieren. Äußere Faktoren wie oxidativer Stress, Zellgifte oder hohe Temperaturen können den Einsatz von Chaperonen, im Speziellen der klassischen Familie der Hitzeschockproteine (Hsps), auslösen. Bei deren Klassifikation spielt die Molekülmasse eine wichtige Rolle. So ist das Hsp90 eines der am häufigsten vorkommenden cytoplasmatischen Proteine in der Zelle überhaupt, und essentiell für die Lebensfähigkeit in

Ergebnisse

Eukaryoten. In Säugern gibt es zwei homologe Hsp90 Proteine, das aus drei Domänen besteht. Hsp90 kann durch natürliche Substanzen inhibiert werden und bietet somit Angriffsfläche für verschiedene Reagenzien. So bindet z.B. Geldanamycin die aminoterminale, ATP-bindende Domäne von Hsp90 und weist dabei eine 500fach höhere Affinität auf, als das konkurrierende ATP. Eine weitere wichtige Komponente des Chaperonsystems ist Hsp70, das in Eukaryoten ubiquitär vorkommt. Im Cytoplasma von Säugern gibt es zwei Isoformen, eine konstitutiv exprimierte und eine stressinduzierte Variante. Hsp70 katalysiert gemeinsam mit dem Co-Chaperon Hsp40 das Zurückfalten von denaturierten Proteinen in aktive Formen und hat die Möglichkeit intrazelluläre Proteinaggregate wieder zu lösen (Hartl & Hayer-Hartl 2002). Wichtige Vertreter der Hsp70 und Hsp90 abhängigen Proteine sind Transkriptionsfaktoren, Hormonrezeptorene, Kinasen und das Tumorsuppressorprotein p53.

Es wurde bereits gezeigt (Albrecht et al. 2004) das Hsp40 und Hsp70 mit dem mutierten Hoxd13 Protein in Zellen kolokalisieren, was darauf schließen lässt, dass die Hsps zu den sich bildenden Aggregaten rekrutiert werden. Wenn Zellen mit Geldanamycin behandelt werden, wird Hsp90 inhibiert und Hsp40 und Hsp70 werden hochreguliert (Sittler et al. 2001). Nachdem bekannt war, dass in Zellkultur nach einer Behandlung mit Geldanamycin, und einer daraus resultierenden Hochregulation von Hsp40 und Hsp70, eine drastische Verringerung der Aggregate zu verzeichnen war (Albrecht et al. 2004), konnte man davon ausgehen, dass die Hsps einen wesentlichen Anteil bei der Reparatur des mutierten Hoxd13 haben und möglicherweise einen Therapieansatz bieten.

In dieser Arbeit wurde diese Möglichkeit durch Kreuzungsexperiment und Behandlung der Mäuse untersucht. Zum einen wurden die *spdh* Tiere mit Mäusen verpaart, die kein Hsp90 Protein haben (Voss et al. 2000), wobei wir davon ausgingen, dass diese Tiere höhere physiologische Mengen an Hsp70 und Hsp40 aufweisen. Und zum anderen mit Tieren, die konstitutiv die stressinduzierte Variante von Hsp70 exprimieren (Marber et al. 1995). In beiden Fällen war die Hypothese, dass der höhere Hsp70-Level sich so positiv auf die Zellen auswirkt,

Ergebnisse

dass sie in der Lage sind, das mutierte Protein korrekt zu falten, die Aggregate abzubauen, die negative Wirkung von mutiertem Hoxd13 zu lindern und so der resultierende Phänotyp milder ausfällt. Des Weiteren wurden schwangere *spdh* Tiere einer Wärmebehandlung unterzogen, um die Expression von Hsps auszulösen und so möglicherweise das Krankheitsbild abzuschwächen. Die neugeborenen Tiere wurden, nach entsprechenden Genotypisierungen, mittels Skelettpräparationen untersucht. Wie in Abbildung 14 gezeigt konnte in keinem der Fälle eine Beeinflussung des Phänotyps beobachtet werden.

Abbildung 14: Skelettpräparationen von Verkreuzungen

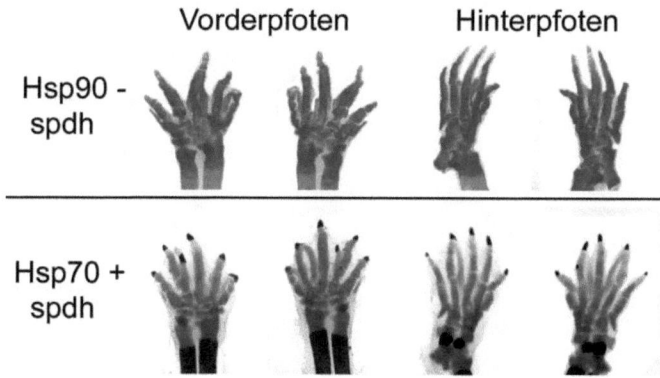

Gezeigt sind jeweils Vorder- und Hinterextremitäten von neugeborenen Tieren. Knochen ist mit Alizarin Rot und Knorpel mit Alcian Blau gefärbt. Alle Nachkommen weisen den üblichen *spdh* Phänotyp mit zusätzlichen Fingern und Zehen, fehlenden Gelenken und einer Verzögerung der Knochenentwicklung in der üblichen Varianz auf. Eine Inaktivierung von Hsp90, sowie das Vorhandensein einer konstitutiv aktiven Form von Hsp70 ändern die Penetranz der Skelettfehlbildung nicht.

5.3 Kombination aus partiellem Funktionsverlust & Funktionsgewinn

Da die Hoxd13 knockout Mutante (Bruneau et al. 2001) sich deutlich von der *spdh* Mutante unterscheidet, kann es sich bei dem zu Grunde liegenden Problem nicht um einen reinen Funktionsverlust handeln, sondern muss einen bestimmten negativen Funktionsgewinn nach sich ziehen. Um zu überprüfen, ob eine Verlängerung des Alaninrepeats zu einem dominanten Phänotyp führt wurden transgene Mäuse generiert, die ein um 21 zusätzliche Alanine verlängertes Hoxd13 Protein unter der Kontrolle des spezifischen Prx1-Promotors, exprimieren. Erzielt wurden zwei Mauslinien, die den gleichen Phänotyp aufweisen, der sich durch eine massive Verkürzung und Krümmung von Radius und Ulna auszeichnet. Abgesehen von einer Verzögerung in der Verknöcherung haben die transgenen Tiere jedoch fünf nahezu normale Pfoten wie in Abbildung 16 zu sehen ist, hierauf wird später eingegangen. Die Expression von Hoxd13 wt unter dem Prx1-Promotor, also ektopisch in der gesamten Extremität und nicht nur im Autopod, ist offensichtlich letal, da keine transgenen Tiere gefunden werden konnten.

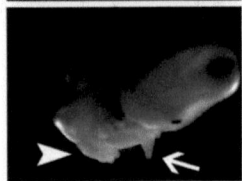

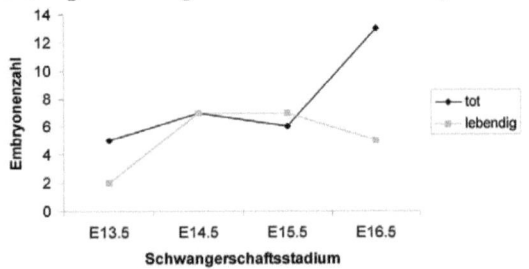

Daraufhin wurden nach erneuten Injektionen die Ammen getötet und die Embryonen untersucht. Hierbei stellte sich heraus, dass vergleichsweise viele Embryonen absterben und die Embryonen einen extremen Phänotyp entwickeln (Abbildung 15), der beinhaltet, dass die Vorderextremität komplett verkümmert ist, wohingegen die Hinterextremität eine extreme Polydactylie aufweist.

Abbildung 15: Transgene PrxHoxd13 wt Embryonen

Verlauf der Embryonalentwicklung die Rate der abgestorbenen Embryonen drastisch ansteigt. Die Embryonen entwickeln zuvor einen starken Phänotyp der Extremitäten, der photographisch festgehalten ist. Die Seitenansicht zeigt die Vielzahl der Knorpelanlagen in der hinteren Extremität (Pfeilspitze), wobei die Aufsicht den verbleibenden Stumpf der Vorderextremität (Pfeil) erkennen lässt.

Verschiedene Kreuzungsexperimente (Abbildung 16) sollten zusätzlich erhellen, wie es zur Ausbildung des *spdh* typischen Phänotyps kommt. Der Phänotyp der PrxHoxd13^{+21Ala} Tiere änderte sich nicht wesentlich bei heterozygotem Genotyp mit *spdh*. Eine sehr lange Alaninexpansion ist also nicht ausreichend in einem wt oder heterozygoten *spdh* Hintergrund eine Polydactylie zu induzieren. Allerdings resultierte die Verkreuzung von PrxHoxd13^{+21Ala} in homozygoten *spdh* Hintergrund in einem schwereren Phänotyp. Um die Interaktionen von mutiertem Hoxd13 mit anderen Hoxd Genen zu untersuchen wurden heterozygote *spdh* Mäuse mit Tieren verkreuzt bei denen ein Allel Hoxd13 inaktiviert ist, Hoxd13$^{st/wt}$ (Dollé et al. 1993). Wenn die Tiere doppelt heterozygot sind, also Hoxd13$^{st/spdh}$, entwickeln sie einen mittelschweren Phänotyp, der zwar in Teilen überlappt, aber durchaus verschieden ist, von den jeweiligen homozygoten *spdh* oder st/st Phänotypen. Ähnlich wie bei *spdh* Mäusen kann man schwere Defekte bei der Gelenkbildung und eine Verzögerung der Verknöcherung beobachten, wobei es nicht zur Ausbildung einer zentralen Polydactylie kommt. Stattdessen konnte gelegentlich eine postaxiale Polydactylie nachgewiesen werden, die für die Hoxd13$^{st/st}$ Mäuse beschrieben ist. Eine genauere Betrachtung der interdigitalen Zwischenräume offenbarte ektopische Knorpelbildung zwischen den Fingern und unscharfe Abgrenzungen des Fingerknorpels(Abbildung 16). Diese Merkmale gibt es in Hoxd13$^{st/st}$ Mäusen nicht, aber sind Teil des *spdh* Phänotyps. Polydactylien werden häufig dadurch ausgelöst, dass *Shh* misexprimiert wird, es dadurch zu zusätzlichen gesamten Fingeranlagen kommt. Außerdem reguliert *Shh* die Hox Expression (Hill 2007, Tickle, 2006). Daher wurde zu Beginn der Arbeit die Expression von *Shh* in verschiedenen Stadien, mittels whole mount *in situ* Hybridisierung, untersucht. In keinem Stadium konnten Unterschiede bezüglich

Ergebnisse

der Intensität und der Verteilung von *Shh* zwischen wt Geschwistertieren und *spdh* Mutanten gefunden werden. Die Hoxd13-assoziierte Polydactylie geht also nicht mit einer *Shh* Fehlverteilung einher und es muss ein anderer Mechanismus zugrunde liegen, der im Folgenden analysiert wurde.

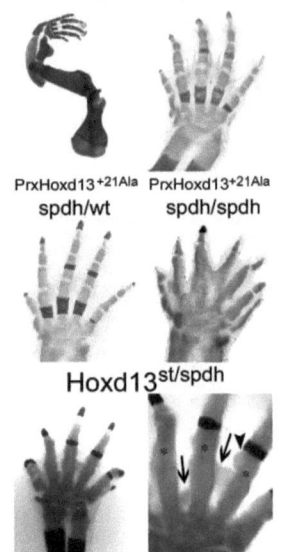

Abbildung 16: Verkreuzung verschiedener Hox-Mutanten
Skelettpräparationen neugeborener Tiere mit unterschiedlichen Genotypen, wobei Knochen mit Alizarin Rot und Knorpel mit Alcian Blau gefärbt ist. Deutlich erkennbar sind die Verkürzung und die Verkrümmung von Radius und Ulna in transgenen PrxHoxd13^{+21Ala} Tieren, bei einer nahezu normalen Morphologie der Hand. Erkennbar ist hierbei, dass ein Allel Hoxd13 wt ausreicht, um eine fünfstrahlige Pfote zu entwickeln. Der Verlust des wt Hintergrundes (st) in Kombination mit einem Allel *spdh* ist jedoch ausreichend, um Knorpel in den Fingerzwischenräumen zu induzieren (Pfeile) und eine Gelenkfusion (Sternchen) hervorzurufen.

5.4 Aufklärung des Pathomechanismus von SPD

5.4.1 Verschiedene Screens auf RNA-Ebene

Zu Beginn dieser Arbeit wurden die Expressionsmuster von wt und *spdh* Tieren zu drei verschiedenen Entwicklungsstadien, E13.5, E14.5 und E16.5, verglichen, um eventuelle Unterschiede von einzelnen Kandidaten oder Gengruppen zu identifizieren. Dies geschah über die Hybridisierung von Gesamt-RNA aus Extremitätenknospen mit Affymetrix GeneChips®. Um die Auswirkungen zufälliger biologischer Variationen zu minimieren, wurden die Extremitätenknospen verschiedener Würfe erst in flüssigem Stickstoff eingefroren und nach der Genotypisierung zusammengefasst. Für jede der drei Hybridisierungen wurden jeweils 30 Vorderpfoten pro Probe verwendet. Die RNA wurde mit peqGold Trifast gemäß dem Herstellerprotokoll extrahiert und nachfolgend mit dem RNeasy Mini-Kit aufgereinigt. Die Hybridisierung der RNA

Ergebnisse

auf die Chips wurde vom RZPD übernommen, die gelieferten Daten sortiert, in zueinander gehörige Gruppen eingeordnet und nach Kandidaten überprüft. Die genauen Ergebnisse können im Anhang eingesehen werden. Besonders interessant für diese Arbeit war nicht die Regulation einzelner Gene, sondern von Gengruppen, die bestimmten Signalwegen zugehörig sind. So fielen im Speziellen eine Hochregulation der posterioren Hox Gene aus A- und D-Cluster auf, sowie die Dysregulation von Ephrin-Liganden und ihren Rezeptoren. In dieser Arbeit wird das Hauptaugenmerk allerdings auf die Fehler im Retinsäuresignalweg gelegt, vor allem auf die Reduktion von *Raldh2*, einer Aldehyddehydrogenase, die die Synthese von RA katalysiert.

Abbildung 17: Graphische Darstellung der Chip Auswertung zum Stadium E13.5
Dargestellt ist die unterschiedliche Regulation verschiedener Gene zum Entwicklungsstadium E13.5. Die Betrachtung der unterschiedlichen Signalwege, lässt dabei die größte Diskrepanz innerhalb der Gruppe der Hox-Gene, sowie im RA-Signalweg erkennen.

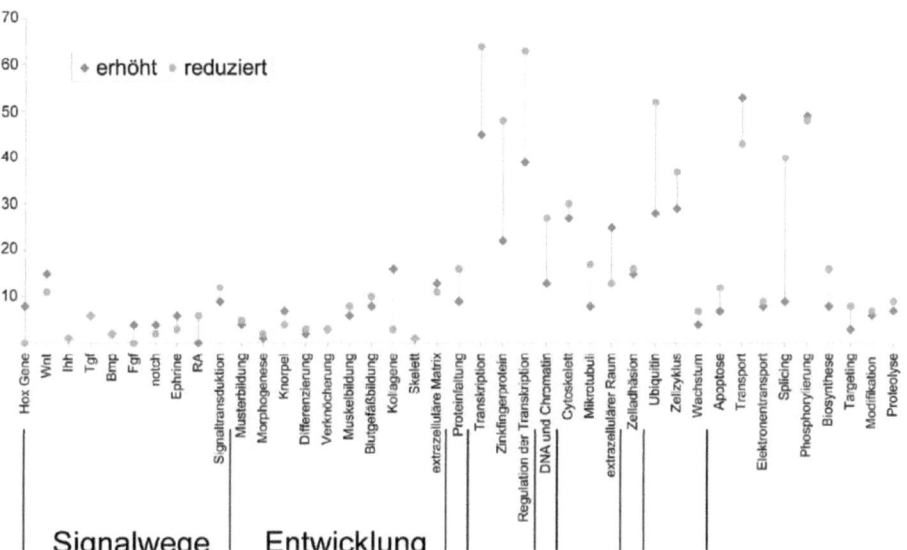

Ergebnisse

5.4.2 Umfassende Suche auf Protein-Ebene

Ebenfalls zu Beginn der Arbeit wurde eine umfassende Suche nach veränderten Kandidaten auf Proteinebene durchgeführt. Hierfür wurden Extremitätenknospen zu E13.5 genau wie für die Affymetrix GeneChips® präpariert. Für die jeweiligen wt und *spdh* Proben wurden jeweils 40 Pfoten zusammengefasst, und das Experiment in zwei unabhängigen Durchgängen wiederholt. 2D-Gelelektrophorese wurde in Kooperation mit Prof. Klose (Charite), wie beschrieben (Klose & Kobalz 1995), durchgeführt und auffällige Proteine mit MALDI-TOF identifiziert. Eine Liste der gefundenen Kandidaten findet sich im Anhang. Für diese Arbeit war der vielversprechendste Kandidat das Enzym Raldh2, dessen Reduzierung in *spdh* Tieren auf 63% in Abbildung 18 verdeutlicht ist. In zwei unabhängigen Systemen wurde sowohl auf RNA Ebene, als auch auf Proteinebene, eine Dezimierung von Raldh2 gefunden, wobei der Affymetrix GeneChip® auch einen weiteren Hinweis darauf lieferte, dass der gesamte Signalweg gestört ist. Raldh2 ist das einzige RA produzierenden Enzym in der sich entwickelnden Extremität, stellt also die einzige RA-Quelle dar. Eine Reduktion des notwendigen Enzyms lässt darauf schließen, dass zuwenig RA in der Extremität produziert wird.

5.4.3 Direkte Messung von Retinsäure aus Extremitätengewebe

Um RA direkt aus Gewebe zu messen wurden Extremitätenknospen in absoluter Dunkelheit, mit einer roten Kaltlichtquelle auf niedrigster Stufe, präpariert, um ein Zerfallen der instabilen, aromatischen Retinsäure zu verhindern. Das Gewebe wurde sofort in flüssigem Stickstoff trocken eingefroren, und nach der Genotypisierung jeweils 6 Knospen pro Probe gesammelt. Es wurden drei Proben für wt und *spdh* in unabhängigen Experimenten gemessen um eine Reproduktivität und eine Minimierung der biologischen Varianz zu gewährleisten. Die Chromatographie wurde von As Vitas in Norwegen durchgeführt und die Ergebnisse sind in Abbildung 18 gezeigt. Der tatsächliche Gehalt an biologisch aktiver *all trans* Retinsäure ist im Extremitätengewebe der mutanten Mäuse auf ca. 57% reduziert, was einhergeht mit der Reduktion von Raldh2 auf ca. die Hälfte.

Ergebnisse

Abbildung 18: Messung von Raldh2 und Retinsäure direkt im Gewebe

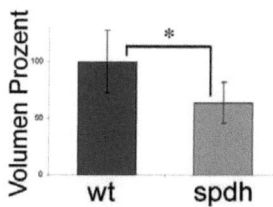 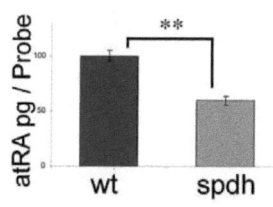

Graphisch dargestellt sind die Messungen von Raldh2 und RA auf Proteinebene. Zum einen erkennt man in der 2D-Gelelektrophorese die deutlichen Reduktion des Enzyms Raldh2 in den *spdh* Extremitäten auf 63% (* p<0.05) verglichen mit wt. Zum anderen bestätigt sich in der direkten RA Quantifizierung eine Verringerung des Signalmoleküls auf 57% (** p < 0.005).

5.4.4 Untersuchung des Retinsäuresignalweges

Nachdem sich bestätigt hatte, dass nicht nur das produzierende Enzym, sondern auch Retinsäure selber in *spdh* Tieren um nahezu die Hälfte reduziert ist, wurden verschiedene Zielgene des korrelierten Signalweges untersucht, um festzustellen, ob dieser nachhaltig beeinflusst ist. Auf 7μm dicken Paraffinschnitten des Stadiums E13.5 wurden vergleichend auf wt und *spdh* Extremitäten *in situ* Hybridisierungen mit verschiedenen Sonden durchgeführt. In Abbildung 19 wird deutlich das *Raldh2* im interdigitalen Mesenchym angeschaltet ist und mit der Expression von *Hoxd13* überlappt, eine Beeinflussung durch das mutierte Proteine also durchaus möglich ist. In den Mutanten findet man im Stadium E12.5 fast keine *Raldh2* Expression, und auch in E13.5 ist diese offensichtlich reduziert und auf den distalen Bereich des Autopods beschränkt. Auch die Zielgene des zugehörigen Signalweges sind drastisch verringert. Der Retinsäurerezeptor *RARβ*, der von RA induziert wird, ist deutlich schwächer exprimiert. *dHand* in den Kondensationen, m*eis2* in der AER und ubiquitäres *Tbx5*, weitere bekannte Zielgene, sind in *spdh* Tieren bei E13.5 fast nicht mehr zu finden.

Ergebnisse

Abbildung 19: *in situ* Hybridisierungen für verschiedene Gene des RA Signalweges

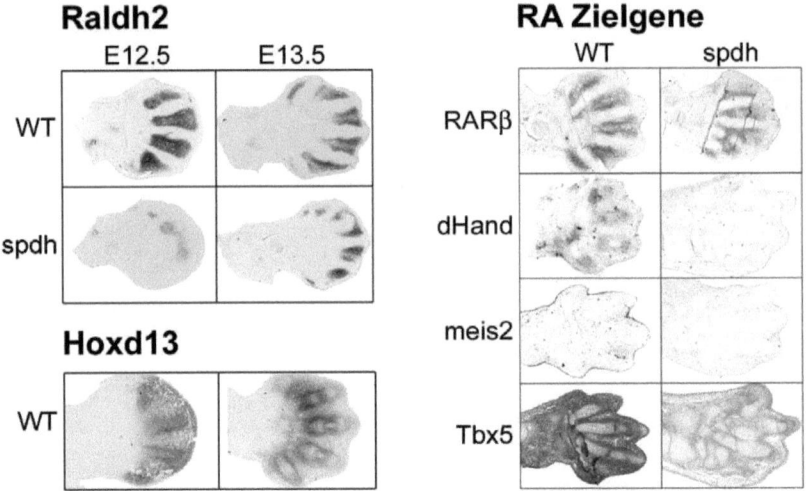

In situ Hybridisierungen auf 7μm Paraffinschnitten zu verschiedenen Entwicklungsstadien und mit unterschiedlichen Sonden. Im wt wird *Raldh2* im interdigitalen Mesenchym exprimiert und beschränkt sich später E13.5 hauptsächlich auf das Perichondrium. Dort findet man jeweils auch die *Hoxd13* mRNA. Eindeutig sichtbar wird auch die Verringerung von *Raldh2* in *spdh* Tieren, das E12.5 nicht vorhanden ist und auch E13.5 stark dezimiert auf den distalen Bereich beschränkt bleibt. Auch RA-Zielgene wie *RARβ*, *dHand*, *meis2* und *Tbx5* sind E13.5 stark reduziert.

5.4.5 *Raldh2* wird von Hoxd13 direkt reguliert und aktiviert

Die geringere Menge an Raldh2, die Reduktion von RA sowie die Herabregulation von Zielgenen des RA-Signalweges ließen darauf schließen, dass das RA synthetisierende Enzym Raldh2 von Hoxd13 reguliert werden könnte bzw. die mutierte Proteinform diese Regulation nicht gewährleisten kann. Die Promotorregion von murinem *Raldh2* wurde *in silico* analysiert. In einer Region ca. 3300 bp aufwärts des Transkriptionsstarts finden sich mehrere putative Hox Bindungsstellen, die zwischen Maus, Ratte und Mensch konserviert sind (Abbildung 20). Dieser ungefähr 1300 bp große Bereich wurde mit den Primern Raldh2Prom for und Raldh2Prom rev aus genomischer Maus DNA amplifiziert und dann in den Luciferase-Reportervektor pGL2 Enhancer mit eigenem

Transkriptionsstart kloniert. In Cos7-Zellen wurden Reporterversuche mit verschiedenen Hoxd13-Konstrukten durchgeführt, die sich in der Anzahl der vorhandenen Alanine unterschieden. Es konnte eindeutig gezeigt werden, siehe Abbildung 20, dass Hoxd13 wt die Expression von *Raldh2* im Vergleich zur Leervektorkontrolle aktiviert, wohingegen die mutierten, verlängerten Varianten diese Aktivierung nicht sicherstellen. Dabei ist zu beobachten, dass eine Korrelation besteht, zwischen der Länge der Alaninexpansion und der Verringerung der Aktivierung. Die Experimente wurden jeweils mit Duplikaten mindestens drei Mal wiederholt.

Abbildung 20: *in silico* Promotoranalyse und Luciferaseversuche

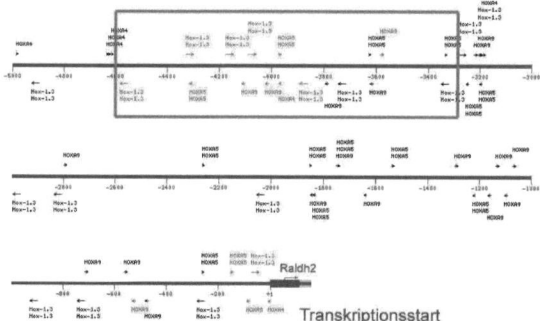

Ungefähr 3300 bp oberhalb des Transkriptionsstarts von *Raldh2* befinden sich mehrere, putative Hox-Bindungsstellen, die auch zwischen Maus, Ratte und Mensch konserviert sind (rot). Der markierte Bereich (rotes Rechteck) wurde kloniert und in Luciferase-Reporterassays untersucht.

Raldh2 wird durch Hoxd13 wt aktiviert. Die Abnahme der Aktivierung ist eindeutig mit

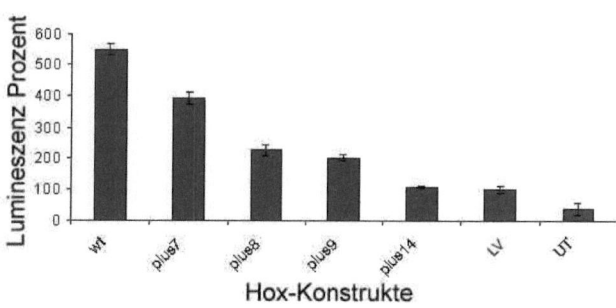

der Verlängerung der Alanin-expansion korreliert. Fehlerbalken zeigen den Standardfehler aus 3 Versuchen mit Duplikaten. Normalisiert wurde gegen Leervektor (LV).

Um nachzuweisen, dass es sich bei der Aktivierung von *Raldh2* um einen direkten Effekt handelt wurde von meinem Kollegen Jochen Hecht eine Chromatin-Immunoprezipitation (ChIP) durchgeführt. chMM Zellen wurden mit N-terminal FLAG gekoppelten Hoxd13 wt im RCAS-Virus infiziert und fünf Tage kultiviert. Die Zellen wurden verdaut und ungefähr 10^8 Zellen für eine Untersuchung zusammengefasst. Die Chromatin-Verknüpfung mit dem Protein und die IP wurden wie beschrieben (Lee et al. 2006) mit monoklonalem α-FLAG Antikörper durchgeführt. Anschließend wurde die gebundene DNA sonifiziert Die Bedingungen hierfür waren 32 Pulse mit 30% Stärke und 45 sec zwischen den Pulsen. Die Verknüpfung zwischen DNA und Protein wurden aufgehoben, RNA und Proteine entfernt. Die Analyse der aufgereinigten DNA gelang über Real-Time PCR mit Raldh2 spezifischen Primern. Vier verschiedene Primerpaare wurden getestet (siehe Material). Es konnte eindeutig nachgewiesen werden, dass das Produkt des Primerpaares 1 um das ca. 38-50-fache angereichert war wie in Abbildung 21 gezeigt war.

Um die Konservierung der *Raldh2*-Promotorregionen in verschiedenen Spezies zu prüfen, die Lage der putativen Hox-Bindungsstellen sowie der Primerpaare für die Chromatin-IP zu verdeutlichen, sowie um zu veranschaulichen, dass das Konstrukt der Luciferase-Reporterassays konsistent ist, mit den Ergebnissen der IP wurde *in silico* eine Analyse durchgeführt und diese weiterbearbeitet. In Abbildung 22 sind die Sequenzen von Maus, Ratte und Huhn dargestellt. In grau erkennt man die Konservierung zwischen den Spezies, in blau sind die Primer für das Luciferase-Reporterkonstrukt gezeigt, das auch die in grün unterlegten putativen Hox-Bindungsstellen umfasst. Die Primerpaare für die Chromatin-IP (orange) liegen ebenfalls innerhalb dieses Bereiches und damit ist gezeigt, dass genau dort eine direkte Bindung von Hoxd13 an den Promotor von *Raldh2* möglich ist.

Ergebnisse

Abbildung 21: Ergebnisse der Chromatin Immunopräzipitation

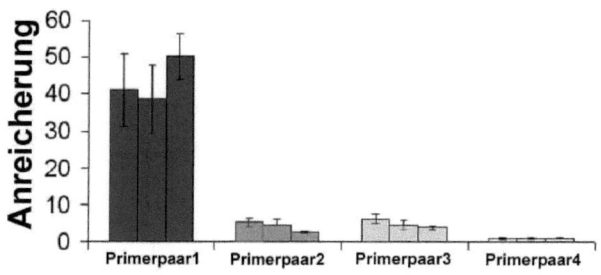

Das Produkt von Primerpaar1 zeigt in der ChIP eine 38-50fache Anreicherung und bestätigt damit eine direkte Bindung von Hoxd13 wt an den Promotorbereich von *Raldh2*. Eine direkte Regulation ist also möglich.

Abbildung 22: Übersicht der Analyse der Promotorbereiche

Aufgeführt sind Sequenzen Promotorregionen von *Raldh2* aus Maus, Ratte und Huhn zur Darstellung der verschiedenen Konstrukte, putativen Bindungsstellen und Lage der verschiedenen Primer.

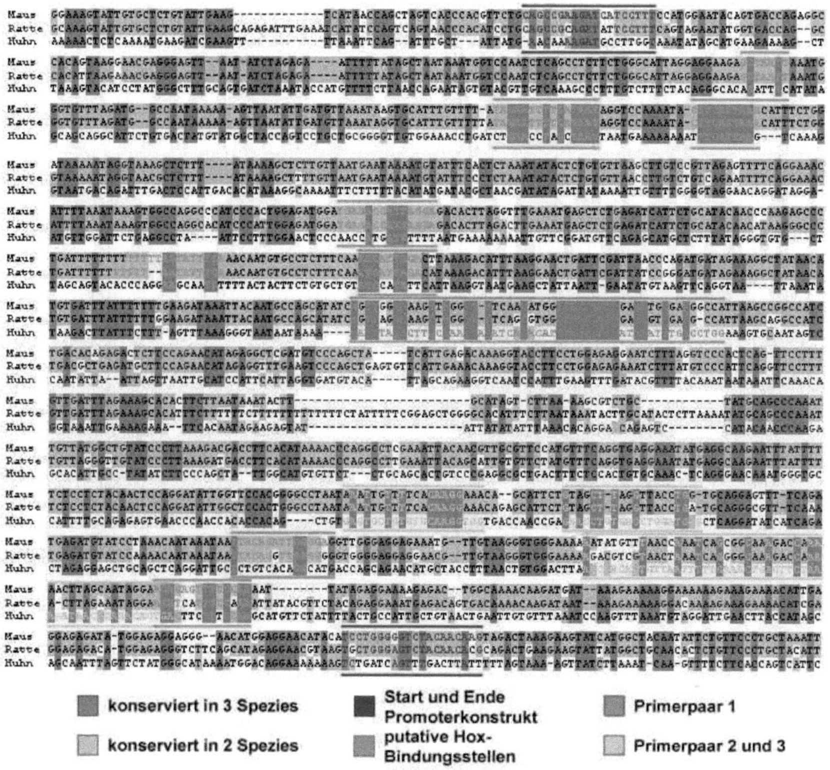

85

Ergebnisse

5.4.6 Retinsäure inhibiert die Chondrogenese

Bisher wurde gezeigt, dass das Enzym Raldh2 in den *spdh* Tieren verglichen mit wt Tieren nur in geringerer Menge vorhanden ist. Dies zieht nach sich, dass während der Embryonalentwicklung weniger Retinsäure produziert wird und somit der RA-Signalweg gestört ist. Um nun zu untersuchen welche Bedeutung RA während der Extremitätenentwicklung hat, wurden verschiedene Versuche durchgeführt. Um z.B. den Einfluss von RA auf die Chondrogenese zu untersuchen, wurde hier das Hühnchen als Modellorganismus gewählt. Zum einen wurden *in vitro* chMM-Kulturen untersucht, zum andern Hühnerextremitäten *in vivo*.

Im Versuchsaufbau der chMM-Kultur werden mesenchymale Extremitätenzellen in hoher Dichte ausgesät, die eine spontane Differenzierung in verschiedene Zellarten ermöglicht, unter anderem auch in Knorpelzellen. Das Ausmaß an Knorpelbildung wird mit Alcian Blau visualisiert und anschließend mit der AxioVision Outmess® Software quantifiziert. Hier wurden nun chMM-Kulturen mit aufsteigenden Dosen RA, oder alternativ mit aufsteigenden Dosen Disulfiram und Citral behandelt. Disulfiram blockiert Raldh2 (Wang et al. 2005) und Citral (Tanaka et al. 1996) inhibiert beide

Schritte der Vitamin A Oxidation, beide verhindern also die Synthese von RA. Das Medium der Kulturschalen wurde täglich gewechselt, und RA sowie die Inhibitoren wurden in DMSO gelöst. Als Kontrolle dienten DMSO behandelte Zellen. In Abbildung 23 wird sowohl in der Alcian Blau Färbung, als auch in der zugehörigen Quantifizierung sichtbar, dass mit steigenden RA-Konzentrationen (0,01 µM-0,1 µM) ein antichondrogener Effekt zu verzeichnen ist. Eine Inhibition der RA-Synthese, mit steigenden Konzentrationen Disulfiram (150 nM und 300 nM) und Citral (10 µM und 50 µM) hingegen, verstärkt die Chondrogenese in den Kulturen. Die Ergebnisse sind signifikant und reproduzierbar. Weiterhin legen diese Ergebnisse nahe, dass RA an ihrem Wirkungsort, dem interdigitalen Mesenchym, die Chondrogenese unterdrückt.

Ergebnisse

Abbildung 23: chMM-Kulturen unter Behandlung mit RA und Inhibitoren

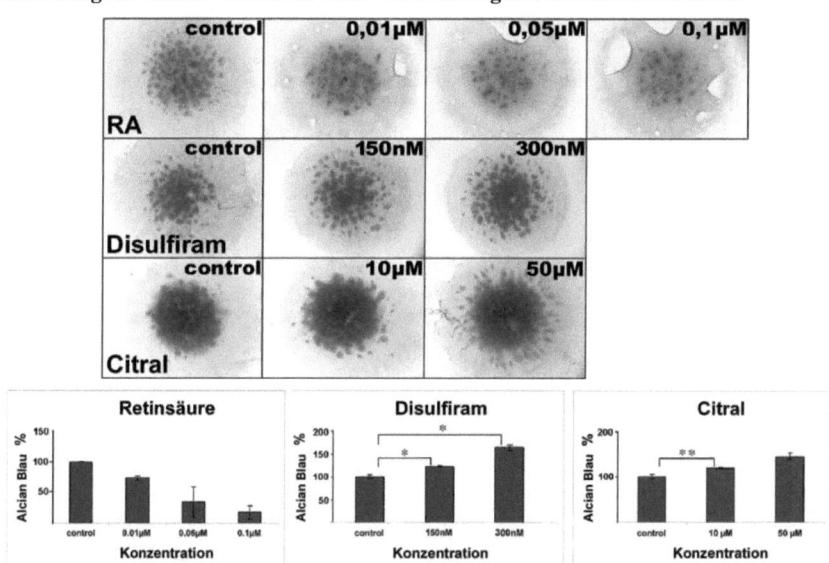

chMM-Kulturen wurden mit verschiedenen Konzentrationen RA (0,01µM-0,1µM) und mit verschiedenen Konzentrationen von RA-Synthese Inhibitoren, Disulfiram (150nM und 300nM) und Citral (10µM und 50µM) behandelt. Die Kulturen wurden mit Alcian Blau gefärbt und anschließend über Axiovision Outmess® quantifiziert. Die RA behandelten Kulturen zeigen einhergehend mit steigender Konzentration deutlich weniger blau gefärbte chondrogene Zellen, dieser Rückgang wird auch im zugehörigen Diagramm sichtbar. Eindeutig ist auch die Induktion der Differenzierung zu Knorpelzellen, nach der Behandlung mit RA Inhibitoren, korreliert mit deren steigender Konzentration (* p-Wert < 0.05; ** p-Wert < 0.005). Als Kontrollen dienten DMSO behandelte Zellen.

Um dem beobachteten Effekt auch *in vivo* nachzugehen wurden Kügelchen in sich entwickelnde Hühnerflügel implantiert und diese danach untersucht. Diese Kügelchen geben nach und nach diejenige Substanz ab, mit der sie zuvor getränkt wurden und die Eier können nach der Implantation weiter bebrütet werden. Dieses System ermöglicht eine genaue Beobachtung der Auswirkungen von RA an genau determinierten Stellen in der Extremität. Die Eier wurden ca. 5 Tage lang, bis HH-Stadium 29, bebrütet. Nach einer Bebrütung von 5 Tagen wurden die Schalen geöffnet und Kügelchen, getränkt mit 4 mg/ml RA, wurden möglichst direkt in

Ergebnisse

sich bildende Kondensationen des Embryonenflügels platziert. Nach weiteren 24 h Inkubation wurden die Vorderextremitäten präpariert, fixiert und in Paraffin eingebettet. Zur Analyse wurde eine *in situ* Hybridisierung auf 5 µm dicken Paraffinschnitten mit spezifischer *Col2a1* Sonde angefertigt, um Knorpelanlagen zu ermitteln. Abbildung 24 zeigt, dass die Zugabe von RA (Stern) in einer vollständigen Hemmung der Knorpeldifferenzierung mündet, da keinerlei blaue Färbung, die die *Col2a1* mRNA markiert, mehr sichtbar ist. Als Kontrolle dienten DMSO getränkte Kügelchen, um Implantationsartefakte und Effekte die auf das Lösungsmittel zurückzuführen sind, auszuschließen. Die Extremitäten mit DMSO getränkten Kügelchen zeigten keinerlei Veränderung.

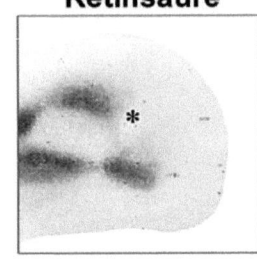

Abbildung 24:
in situ **Hybridisierungen auf implantierten Hühnerextremitätenknospen**
Gezeigt sind Paraffinschnitte (5µm), nach der Implantation von getränkten Kügelchen (∗) und einer Hybridisierung mit knorpelspezifischer *Col2a1* Sonde. Ganz oben findet sich die Kontrolle ohne Kügelchen. In der Mitte die DMSO Kontrolle mit unveränderter *Col2a1* Expression. Ganz unten die Knospe nach RA Behandlung, in der die *Col2a1* Expression nahezu vollständig supprimiert ist.

5.4.7 Intrauterine Zugabe von Retinsäure behebt den Polydactylie-Phänotyp

Zu diesem Zeitpunkt deuteten alle Ergebnisse darauf hin, dass die Missregulation von RA bei der Ausbildung des *spdh* Phänotyps eine wichtige Rolle spielt. Um diese Hypothese zu verifizieren wurde versucht den physiologisch notwendigen RA-Gehalt in den *spdh* Tieren wiederherzustellen, dass heißt den Mangel an RA auszugleichen. Hierfür wurde schwangeren *spdh* Tieren oral RA verabreicht. Um die Konzentration der zu gebenden Menge zu berechnen wurde eine Gewichtskurve der Muttermäuse während der Schwangerschaft benötigt, da es sich bei RA um eine teratogene Substanz handelt und daher möglichst genau dosiert werden musste. Nach verschiedenen Testexperimenten wurden 5µg RA pro g Körpergewicht der Muttermaus vom Schwangerschaftsstadium E8.5 bis E14.5 dpc einmal am Tag oral verabreicht. Um zu verhindern, dass die Mütter die Neugeborenen auffressen, wurden die Tiere an Tag E18.5 der Schwangerschaft präpariert und die Embryonen mittels Skelettpräparation untersucht, wobei wt Geschwistertiere als Kontrollen dienten. Wie in Abbildung 25 anschaulich verdeutlicht war es möglich die Polydactylie zu heilen. Man erkennt zwar in einer Größenabnahme der gesamten Extremität eine teratogene Wirkung von RA, diese war jedoch für wt und *spdh* Tiere absolut vergleichbar. Ein genauer Blick auf die Pfoten lässt eindeutig die Fünfstrahligkeit in den behandelten Tieren erkennen. Zwar weisen die betroffenen Tiere nach wie vor eine Verzögerung in der Verknöcherung auf, aber niemals zusätzliche Verknorpelungen oder ganze Finger. Dieser Effekt konnte bei allen untersuchten Tieren an beiden Vorderextremitäten beobachtet werden und war reproduzierbar.

Ergebnisse

Abbildung 25: Intrauterine Zugabe von RA behebt die Polydactylie

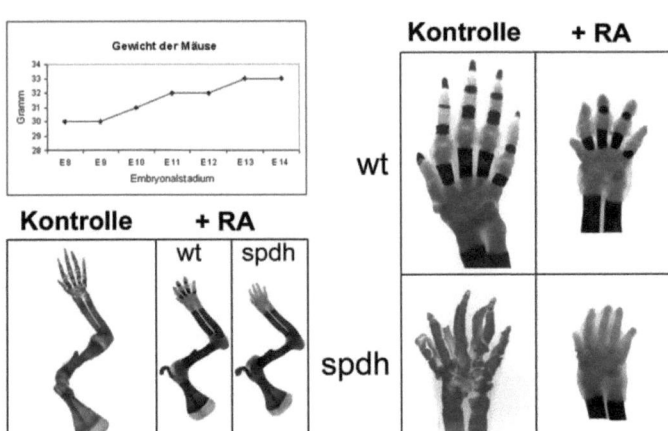

Gezeigt ist oben eine Gewichtstabelle der schwangeren Mütter zur Berechnung der RA-Dosierung. 5µg RA/g Körpergewicht der Muttermaus verabreicht zwischen E8.5 –E14.5 führten zu einer Größenabnahme der gesamten Extremität, die für *spdh* und wt Geschwistertiere im Vergleich zur unbehandelten Kontrolle vergleichbar ist. Die Pfoten der behandelten Tiere zeigen ebenfalls eine Größenabnahme, aber Knorpel (blau) sowie Knochen (rot) wurden richtig angelegt. Auffällig sichtbar sind die exakt fünf Finger der *spdh* Tiere, die eine Heilung der Polydactylie durch die RA Verabreichung bedeuten. Diese Beobachtung ist für alle *spdh* Tiere konsistent.

5.4.8 Überschüssige Chondrogenese im interdigitalen Mesenchym

Wenn man davon ausgeht, dass RA die Chondrogenese inhibiert und über Raldh2 vornehmlich im interdigitalen Mesenchym produziert wird, kann man daraus schließen, dass eine zu niedrige RA-Konzentration dort zu einem erhöhten chondrogenen Potential der Zellen führt. Um dies zu untersuchen wurden Zellen aus *spdh* Extremitäten bei E13.5 isoliert und in hoher Dichte kultiviert. In diesem Stadium sind die Mutanten deutlich von wt Geschwistertieren unterscheidbar. Zellen wurden an Tag 3, 6 und 9 mit Alcian Blau gefärbt und anschließend mit der AxioVision Outmess® quantifiziert. Zellen aus Extremitätengewebe der *spdh* Tiere zeigten eine deutlich stärkere Fähigkeit chondrogene Kondensationen auszubilden als die Kontrollen, wie in Abb. 27 graphisch dargestellt. Um diese Fähigkeit eingehender zu analysieren wurden Knospen bei E12.5, E13.5 und E14.5 untersucht. Zum einen wurde, auf Paraffinschnitten, über *in situ* Hybridisierung nach mRNA für *Sox9* und zum anderen über Imunohistochemie, mit einem Sox9 spezifischen Antikörper das Protein detektiert. In E12.5, wenn sich Kondensationen bilden, die sich später zu Fingern entwickeln, muss die Chondrogenese im interdigitalen Mesenchym unterdrückt und in Kondensationen vorangetrieben werden. In wt Mäusen resultiert dies in einer Beschränkung der Sox9 Verteilung, das entscheidend für die Knorpelbildung ist (Weston et al. 2000), auf die Fingeranlagen, wie in Abb. 26 deutlich wird. Im Gegensatz dazu weisen *spdh* Tiere auch im gesamten interdigitalen Mesenchym Sox9-positive Zellen auf, was nach sich zieht, dass auch die Grenzen zwischen negativen und positiven Zellen sehr unscharf sind. Die Verteilung des Proteins ist direkt korreliert mit der Expression von *Sox9*, ebenfalls gezeigt in Abb. 26, die konsistent mit den obigen Ergebnissen nicht beschränkt auf die Kondensationen bleibt, sondern auch im interdigitalen Mesenchym zu finden ist. Um ein anschauliches Modell zu erhalten, das Aufschluss über den Zeitpunkt der Entstehung und die Art der zusätzlichen Kondensationen gibt, wurde ein 3D Modell der entstehenden Extremitäten generiert. Seriell aufgezogene Paraffinschnitte von E12.5 und E14.5 wurden mit Sonden gegen *Col2a1 in situ* hybridisiert um Knorpelanlagen zu färben, photographiert und über Amira® zusammengesetzt. In den Modellen in Abb. 27 sieht man in E12.5 und E14.5 klar abgegrenzte Fingeranlagen in wt, wohingegen man bei *spdh* mehrere zusätzliche Kondensationen in den proximalen Regionen der Interdigitalen erkennt. Einige dieser zusätzlichen *Col2a1* positiven Regionen entwickeln sich im interdigitalen Mesenchym unabhängig von den regulären Fingerkondensationen, andere sind mit ihnen verbunden. Demzufolge repräsentiert die Knorpelbildung in *spdh* Tieren nicht eine wirkliche zusätzliche Fingeranlage, sondern einen unkontrollierten Prozess verstärkter Differenzierung an verschiedenen Stellen im interdigitalen Mesenchym.

Ergebnisse

Abbildung 26: Verteilung von *Sox9* mRNA und Sox9 Protein

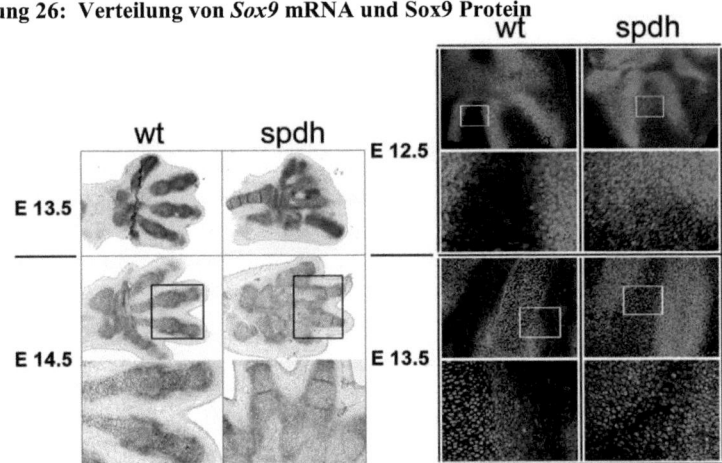

In situ Hybridisierungen und Immunhistochemie gegen Sox9 zu verschiedenen Stadien auf Paraffinschnitten. *Sox9* mRNA wird in *spdh* Tieren, nicht wie im wt, klar definiert in den Kondensationen exprimiert, sondern auch im interdigitalen Mesenchym, wobei die Grenzen zwischen Fingeranlage und Mesenchym unscharf sind. Konsistente Ergebnisse zeigt die Protein-Detektion. Eine Vielzahl Sox9-positiver Zellen ist im interdigitalen Mesenchym erkennbar. Die Boxen umfassen gezeigte Vergrößerungen.

Abbildung 27: 3D Modelle der sich entwickelnden Extremitäten

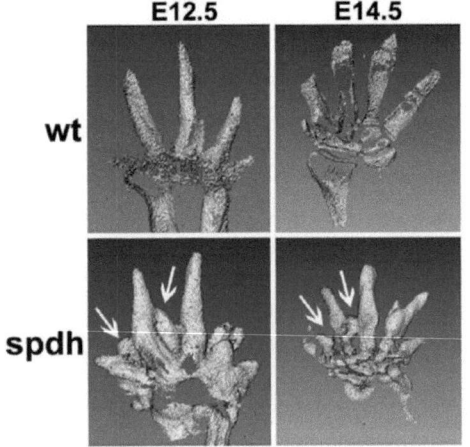

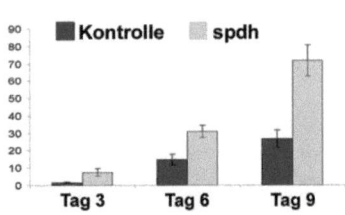

Primäre Mesenchymzellen aus E13.5 Pfoten wurden in hoher Dichte kultiviert, mit Alcian Blau gefärbt und quantifiziert. In den Mutanten ist die Chondrogenese deutlich gesteigert.

3D Modelle von E12.5 und E14.5 wt und *spdh* Extremitäten, gefärbt mit *Col2a1* Sonde und erstellt über Amira® Software. Deutlich sichtbar sind zusätzliche Kondensationen im interdigitalen Mesenchym, die unkontrollierte Differenzierung repräsentieren, gekennzeichnet durch Pfeile.

5.5 Ephrine - Rezeptoren und ihre Liganden - fehlende Grenzbildung

Ihren Namen erhielten die Eph-Rezeptoren, da sie erstmals in einer Erythropoetin produzierenden hepatozellularen Karzinomazellinie identifiziert wurden und 1997 erhielten die Mitglieder dieser Familie eine einheitliche Nomenklatur. Die Eph-Rezeptoren bilden die größte Gruppe, in der Familie der membrandurchspannenden Rezeptor-Tyrosinkinasen (RTKs), und werden selber in zwei Unterfamilien, EphA und EphB, unterteilt. Die Liganden der Eph-Rezeptoren, die Ephrine, sind ebenfalls membranständig. Ephrine sind entweder über eine GPI-Verbindung (EphrinA-Liganden) oder über einzelne Transmembrandomänen (EphrinB-Liganden) verankert (Kullander & Klein 2002). Im Ganzen sind derzeit 16 Rezeptoren EphA1-10, EphB1-6 und 9 Liganden, EfnA1-5 und EfnB1-3 bekannt. Allerdings ist es nicht so, dass EphrinA-Rezeptoren nur EphrinA-Liganden binden können, sondern auch B-Liganden. Weiterhin handelt es sich durch die Membranständigkeit sowohl von Ligand, als auch von Rezeptor um einen bidirektionalen Signaltransduktionsweg. Das vorwärts gerichtete Signal wird dabei über die intrinsische Tyrosinkinaseaktivität übermittelt, das rückwärts gerichtete Signal vermittelt die cytoplasmatische Domäne. Diese bidirektionale membrangebundene Signaltransduktion legt den Schluss nahe, dass Ephrine und ihre Rezeptoren für die direkte Zell-Zell Kommunikation verantwortlich sind (Himanen & Nikolov 2003).

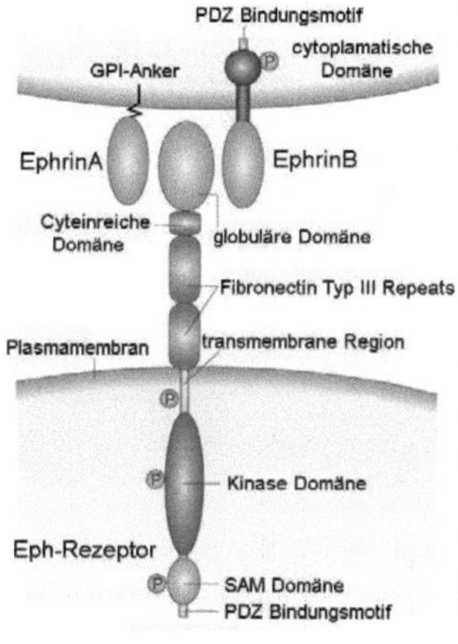

Abbildung 28: Aufbau von Ephrin-Liganden und -Rezeptoren

Schematische Darstellung der Eph-Ephrin Signalvermittlung. Sowohl Rezeptoren, als auch Liganden sind membranständig, so dass Signalübermittlung in beide Richtungen vonstatten geht. A-Liganden sind über einen GPI-Anker an der Membran gebunden. B-Liganden und die Rezeptoren enthalten Transmembrandomänen. Auch der weitere Aufbau der Proteine ist gezeigt.
nach Kullander & Klein, 2002

Bislang ist über die Bedeutung der Eph-Ephrin Signalvermittlung während der Extremitätenentwicklung nur wenig bekannt. In Hühnchen kann man Expression am distalen Flügelende in undifferenzierten Zellen erkennen, wobei RA, *Fgf2*, *Fgf4* und *Bmp2* einen regulativen Effekt zu haben scheinen (Holder & Klein 1999, Patel et al. 1996). In verschiedenen Nullmutanten werden keinerlei phänotypischen Auffälligkeiten bezüglich der Extremitäten beschrieben. Nachdem die Affymetrix® Chip Analyse offen legte, dass sowohl Eph-Rezeptoren, als auch Ephrin-Liganden reguliert sind, wurde eine quantitative PCR mit spezifischen Primern auf RNA aus Extremitätenknospen E13.5 gemacht, die allerdings nur die Herabregulation der Kandidaten bestätigte, wohingegen Hochregulationen nicht gezeigt werden konnten. Für alle Kandidaten wurden außerdem RNA-Sonden kloniert und mittels WM-ISH sowohl die Expression überprüft, als auch ein Vergleich zwischen wt und *spdh* Tieren zu verschiedenen Entwicklungsstadien erstellt. Alle untersuchten Ephrine werden innerhalb und/oder entlang der entstehenden Kondensationen exprimiert, wie in Abbildung 29 zu sehen ist. Weiterhin findet man in *spdh* Tieren jeweils Unterschiede zum wt, die auf Paraffinschnitten eingehender untersucht werden müssen. Meist handelt es sich hierbei um eine fehlende Expression an den Rändern der entstehenden Kondensationen, besonders deutlich in EfnA5 und EphA3, oder um weniger klare Expressionsgrenzen wie in EfnA2 und EphB4

Ergebnisse

Abbildung 29: Expression der regulierten Ephrin-Liganden und -Rezeptoren
Überblick über Expressionsmuster der Ephrin-Liganden und Rezeptoren, visualisiert durch WM-ISH zu verschiedenen Embryonalstadien. Offensichtlich erkennbar sind die unterschiedlichen Expressionsmuster der Ephrine in verschiedenen Bereichen der sich bildenden Kondensationen sowie deren Fehlen oder unscharfe Expression in *spdh* Tieren.

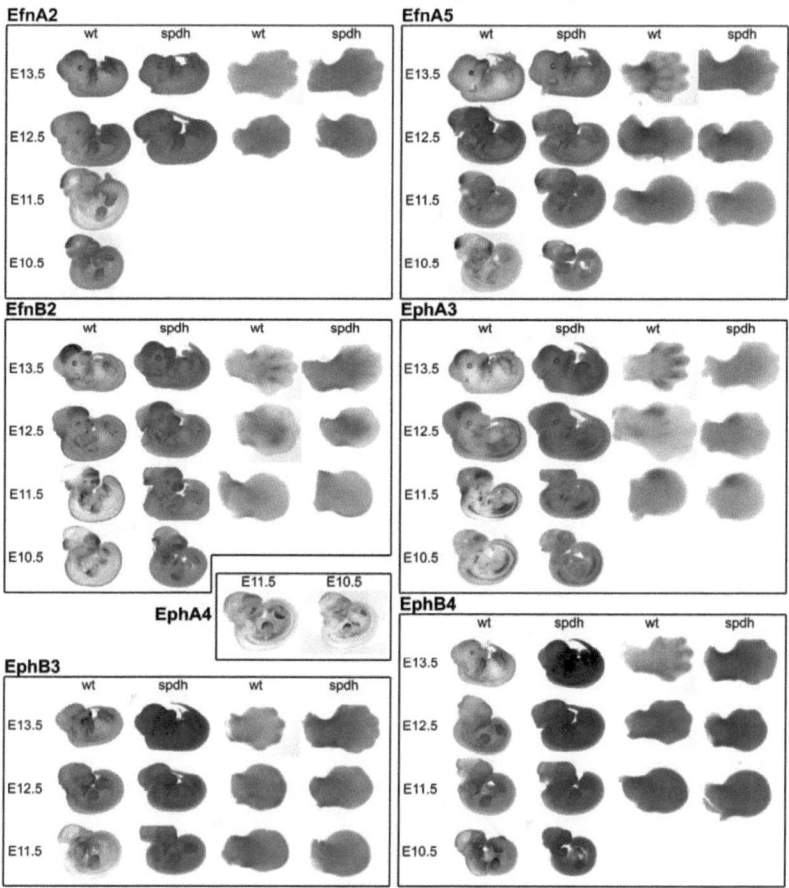

5.6 Untersuchung der verzögerten Knochenbildung

Ein weiterer schwerer Defekt den der *spdh* Phänotyp aufweist, ist die Verzögerung der Verknöcherung und deren unstrukturiertes Muster. Üblicherweise ist die endochondrale Ossifikation ein zentraler Prozess in der Entstehung von Röhrenknochen. Normalerweise formiert sich das Perichondrium, die

Chondrozyten des primären Ossifikationszentrums hören auf Kollagene und Proteoglycane zu sezernieren und produzieren stattdessen alkalische Phosphatase. Dieses Enzym ist essentiell für die Ablagerung von Mineralien. Die Verkalkung der Matrix beginnt und die hypertrophen Chondrozyten werden apoptotisch, wodurch Hohlräume innerhalb des Knorpels entstehen. Die Knorpelanlagen oberhalb der Wachstumsfuge bilden sekundäre Ossifikationszentren in denen der Knorpel durch Knochen ersetzt wird.

Wie bereits erwähnt weist die Hoxd13 Nullmutante keinen *spdh* Phänotyp auf. Hingegen existiert eine weitere Mutante, die durchaus starke Ähnlichkeit zu *spdh* aufweist. Bei dieser Linie handelt es sich um einen konditionellen knockout des 5´ Hoxd Clusters. Es wurden loxP Kassetten zwischen Hoxd10 und Hoxd11, sowie zwischen Hoxd13 und Ev2 eingefügt (Zakany & Duboule, 1996). Über die Verkreuzung dieser Tiere mit Tieren, die Cre-Rekombinase unter dem Prx1-Promotor exprimieren, kann das posteriore Hoxd Cluster in der Extremität exidiert werden. Dieser Genotyp geht einher mit einem *spdh* ähnlichen Phänotyp, wobei die SPD nur preaxial ist. Eindeutig gegeben sind jedoch ebenfalls die Verzögerung der Ossifikation und die Fusion der Gelenke (siehe Abbildung 30). Gezeigt sind hier Skelettpräparationen der Vorder- und Hinterextremitäten verschiedener Mutanten zu unterschiedlichen Entwicklungsstadien. Im Verlauf der Verknöcherung wird sichtbar, dass die Ossifikation nicht endochondral verläuft, sich nur spontan und unorganisiert Zentren bilden. Die Hinterpfoten sind in beiden Linien genauso betroffen wie Vorderpfoten.

Zur genaueren Untersuchung dieses Prozesses (Abbildung 31) wurden 7 µm dicke Plastikschnitte von nicht dekalzifizierten Vorderextremitäten von postnatalen Stadien angefertigt und histologisch untersucht, wobei mineralisierte Regionen schwarz gefärbt wurden. In den wt Schnitten kann man an Tag 7 deutlich die Knochenmanschette, trabekulären Knochen, die Wachstumsfuge sowie die sekundären Ossifikationszentren am Ende der Knochen erkennen. Auch ist der Unterschied in der Mineralisation offensichtlich. Die Handwurzelknochen, sowie die sekundären Ossifikationszentren mineralisieren gleichmäßig. In beiden mutanten Linien ist bei p0 eindeutig noch keinerlei Mineralisation zu verzeichnen. Im Stadium p7 sind die Metacarpalen in beiden Mutanten mineralisiert, wobei die Wachstumsfugen keine Orientierung aufweisen. In den *spdh* Tieren geht die Mineralisation nicht über chondrale Verknöcherung vonstatten, sondern die Chondrozyten mineralisieren wie Handwurzelknochen, wobei Gelenkspalte zwischen den veränderten Metacarpalen entstehen.

Abbildung 30: Skelettpräparationen verschiedener Entwicklungsstadien

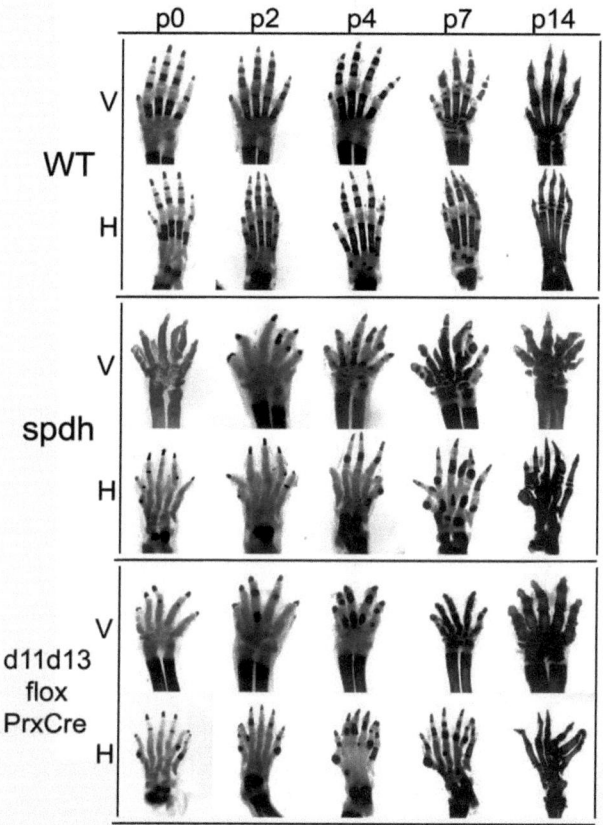

Skelettpräparationen von verschiedenen postnatalen Stadien. Im wt sieht man das klare Muster aus Knorpel (blau) und Knochen (rot) hin zur vollständigen Verknöcherung bei p14. In beiden mutanten Linien ist die Verknöcherung stark verzögert, Knochen bildet sich unorganisiert aus den Knorpelanlagen und folgt nicht dem chondralen Muster. Sowohl Vorder- als auch Hinterextremitäten (V/H) sind betroffen.

Ergebnisse

Abbildung 31: van Kossa Färbung von postnatalen Entwicklungsstadien

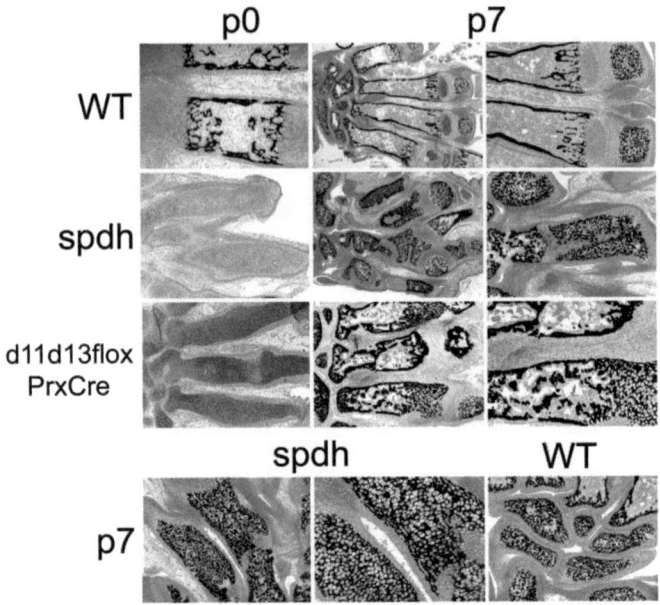

Plastikschnitte (7μm) von zwei postnatalen Stadien mit van Kossa Färbung. In wt sind bei der Geburt (p0) die Metacarpalen ausgehend vom primären Ossifikationszentrum schon mineralisiert (schwarz). Erkennbar sind die sich bildende Knochenmanschette und trabekulärer Knochen und der entstehende Hohlraum. Bei p7 erkennt man den Unterschied in der kontinuierlichen Mineralisation der Carpalen zur chondralen Verknöcherung der Metacarpalen. Eindeutig erkennbar sind Knochenmanschette und trabekulärer Knochen (schwarz), die Wachstumsfuge (violett/pink), sowie das kontinuierlich mineralisierende sekundäre Ossifikationszentrum (schwarz), am Ende der Knorpelanlage. Sowohl *spdh* als auch d11d13flox/PrxCre Tiere sind zu p0 noch nicht mineralisiert. Bei p7 erkennt man in *spdh,* dass die Metacarpalen, wie Carpalen, kontinuierlich mineralisieren und die Wachstumsfugen keine Orientierung aufweisen. Auch sind keine strukturierten Ossifikationszentren zu erkennen. Auch Metacarpalen von d11d13flox/PrxCre Tieren mineralisieren zum Teil kontinuierlich, die chondrale Ossifikation ist gestört und die Knochenmanschette ist nur in Teilen vorhanden.

Im direkten Vergleich (unten) ist eindeutig, dass *spdh* Metacarpalen und Phalangen ebenso mineralisieren wie wt Carpalen, auch entstehende Gelenkspalten zwischen diesen Fingergliedern sind erkennbar.

Ergebnisse

5.6.1 BMPs während der embryonalen Entwicklung

BMPs spielen während der Extremitätenentwicklung ebenfalls eine wichtige Rolle; sowohl bei der Musterbildung, als auch bei Chondrogenese, Spezifizierung der Fingeridentitäten, Apoptose in den Fingerzwischenräume und der Gelenkbildung während der Differenzierung. Im Verlauf dieser Arbeit wurden verschiedene Kandidaten, bezüglich Musterbildung und Differenzierung von Knorpel zu Knochen, untersucht. Im Folgenden werden einige davon vorgestellt, um einen Überblick über die unterschiedlichen, fehlerhaften Prozesse zu geben, die zur Entstehung des *spdh* Phänotyps beitragen.

Unter anderem wurden whole mount *in situ* Hybridisierungen mit Sonden gegen *Bmp2* und *Bmp4* zu verschiedenen Entwicklungsstadien von wt und *spdh* angefertigt, die in Abbildung 32 gezeigt sind. Hierbei wurde deutlich dass *Bmp2* im wt zu E12.5 im interdigitalen Mesenchym und zu E13.5 entlang der entstehenden Kondensationen exprimiert wird. *Bmp4* hingegen wird in frühen Entwicklungsstadien entlang der AER, und später in den Fingerspitzen stark nachgewiesen. In den Embryonen der *spdh* Mutante erkennt man eine deutliche Reduktion der mRNA sowohl von *Bmp2* als, auch *Bmp4*.

Abbildung 32: whole mount *in situ* Hybridisierung für *Bmp2* und *Bmp4*

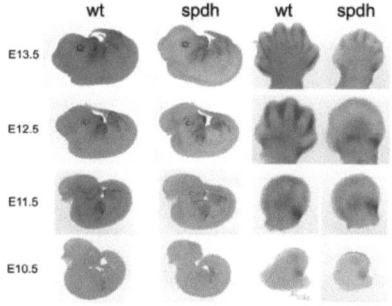

Expression von *Bmp2* in wt und *spdh*. E12.5: *Bmp2* ist im interdigitalen Mesenchym angeschaltet, später entlang der Kondensationen exprimiert. Ab E11.5 ist in *spdh* Tieren eine Verringerung in der Stärke der Expression augenscheinlich.

Expression von *Bmp4* in wt und *spdh*. Bei E11.5 ist *Bmp4* in der AER angeschaltet und wird später in den Fingerspitzen exprimiert. Bei E13.5 ist, in mutanten Tieren, eine Verringerung in der distalen Expressionsstärke zu verzeichnen.

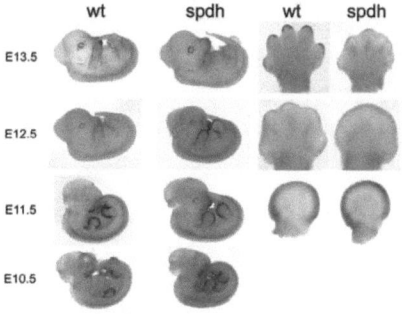

Ergebnisse

Die Aktivierung von *Bmp2* und *Bmp4* durch Hoxd13 wt wurde in Luciferase Reporterversuchen, genau wie für *Raldh2*, eingehender untersucht. Für beide Promotorbereiche (Abrams et al. 2004, Suzuki et al. 2003) wurde eine Aktivierung durch Hoxd13 wt gemessen, die mit wachsender Länge der Alaninexpansion eindeutig abnahm. Zur Verstärkung der Hoxd13 Aktivierung wurde in diesem Versuchen ein Sp1-Konstrukt zusätzlich transfiziert. Die Experimente wurden in NG108-15 Zellen durchgeführt, dreimal wiederholt und gegen Leervektor ohne Sp1-Verstärkung normalisiert. In Abbildung 33 wird deutlich das sowohl *Bmp2*, als auch *Bmp4* von Hoxd13 wt um das fünf- bzw. vierfache aktiviert werden und das diese Aktivierung bei einer Verlängerung des Alaninrepeats nicht mehr stattfindet.

Abbildung 33: Luciferaseversuche mit Bmp2 und Bmp4 Reporter

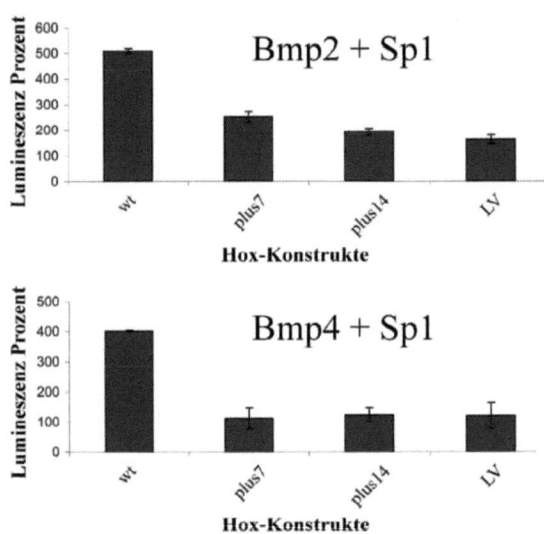

Die Reporterversuche zeigen dass *Bmp2* um das Fünffache, *Bmp4* um das Vierfache aktiviert wird, jeweils verglichen zur Leervektorkontrolle (LV). Die Aktivierung der Bmp-Promotoren findet mit elongierten Konstrukten nicht statt, die Werte sind vergleichbar mit der Kontrolle. Normalisiert wurde gegen LV ohne Sp1-Verstärkung, die Fehlerbalken zeigen die Standardabweichung.

Um die Fehlregulationen der BMPs, und weiterer Mitglieder dieser Familie, genauer zu analysieren wurden *in situ* Hybridisierungen auf 7µm dicken Paraffinschnitten verschiedener Stadien durchgeführt und in Abbildung 34 zusammengefasst. Hier erkennt man ebenfalls, dass *Bmp2* und *Bmp4* weniger stark exprimiert sind und im Zuge der Differenzierung nahezu verloren gehen, wenn sich das Perichondrium entlang der Kondensationen spezifiziert und als Signalgeber für die Verknöcherung fungiert. Eine Expression ist zu diesem Zeitpunkt (E14.5, E16.5) in *spdh* Tieren kaum nachweisbar. Auch *Gdf5*, ein weiteres Mitglied der TGF-Familie, ist falsch reguliert. In wt ist *Gdf5* dort angeschaltet, wo sich spätere Gelenke bilden werden. Diese Expression ist in *spdh* Mäusen, die auch später keine Gelenke ausbilden, nicht mehr vorhanden. Anstelle dessen wird der Gelenkmarker *Gdf5* entlang der fusionierten Metacarpalen und Phalangen exprimiert. Auch *noggin*, ein BMP-Antagonist, ist in der Expressionsstärke reduziert.

Abbildung 34: *in situ* Hybridisierung auf Schnitten mit verschiedenen BMPs

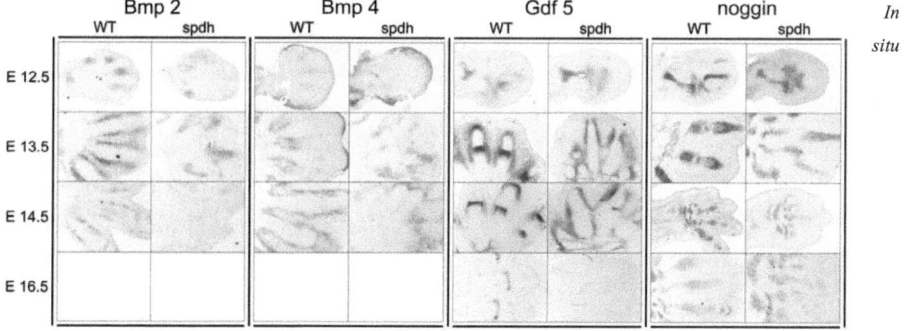

Hybridisierungen auf 7µm dicken Paraffinschnitten mit Sonden gegen *Bmp2*, *Bmp4*, *Gdf5* und *noggin* auf unterschiedlichen Entwicklungsstadien. *Bmp2*, *Bmp4* und *Gdf5* sind in *spdh* eindeutig falsch reguliert. *Bmp2* und *Bmp4* sind in E14.5 im Perichondrium angeschaltet. Diese Expression fehlt in den Mutanten. *Gdf5* markiert in wt die Gelenkregionen. Dies ist in *spdh* Tieren nicht der Fall, sondern man erkennt Expression entlang der fusionierten Fingerglieder. *Noggin* ist leicht reduziert.

Außerdem sind *Bmp2* und *Bmp4* unter anderem maßgeblich für die Induktion der Apoptose im interdigitalen Mesenchym verantwortlich. Nachdem die *spdh* Tiere eine starke Verringerung in der Expressionsstärke dieser beiden Faktoren zeigten, und eine Aktivierung nicht mehr gegeben war, wurde die Apoptose während der Entwicklung untersucht. Mit einem spezifischen Antikörper gegen Caspase3,

Ergebnisse

einem Marker für apoptotische Zellen, wurde eine Immunhisochemie auf Paraffinschnitten durchgeführt. Hier ließ sich zweifelsfrei (siehe Abbildung 35) zeigen, dass in den Fingerzwischenräumen im wt Apoptose stattfindet, diese jedoch in den *spdh* Tieren auch in hoher Vergrößerung kaum nachweisbar ist.

Abbildung 35: Apoptose in den Fingerzwischenräumen

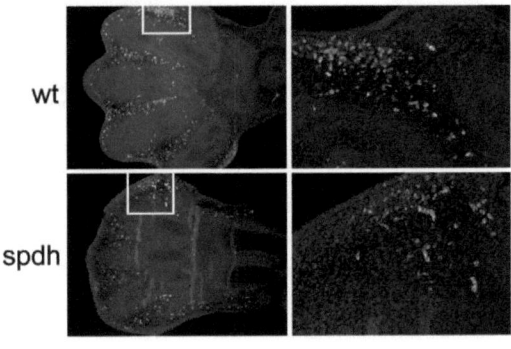

Immunhistochemie auf 7µm dicken Paraffinschnitten mit spezifischem anti-Caspase3-Antikörper. Gegenfärbung mit DAPI (blau) zur Visualisierung der Kondensationen, Blutgefäße erscheinen gelb. In wt erkennt man im interdigitalen Mesenchym apoptotische Zellen (grün). In hoher Vergrößerung (rechts, Ausschnitt weißes Quadrat) ist der Verlust der apoptotischen Zellen deutlich.

5.6.2 Fehlendes Perichondrium in *spdh* Tieren

Die Untersuchung der histologischen Schnitte und die Betrachtung der angefertigten *in situ* Hybridisierungen auf Schnitten lieferten immer wieder Hinweise darauf, dass sich in *spdh* Tieren, während der Embryonalentwicklung kein Perichondrium bildet. Diese Zellschicht ist essentiell für die Signalgebung während der Differenzierung von Knorpelzellen zu Knochen. Daher wurde die Expression verschiedener Kandidaten, bezüglich der Knochenbildung, analysiert. Dies geschah mittels weiterer Hybridisierungen (Abbildung 36) mit unterschiedlichen spezifischen Sonden, auf 7µm dicken Paraffinschnitten verschiedener Stadien, im Vergleich wt gegen *spdh*. Für *Col1* ist hierbei eine deutliche Verminderung der Expressionsstärke in E13.5 und E14.5 zu verzeichnen, wobei im Stadium E16.5 augenscheinlich wird, dass die perichondriale Expression entlang der Fingeranlagen verloren geht, kein Perichondrium vorhanden ist. Für *Col2* gilt in morphologischer Hinsicht das gleiche, hier wird außerdem die Färbung zusätzlicher Knorpelelemente sichtbar, allerdings ist die Grenze zwischen Knorpel und Fingerzwischenraum unschärfer als im wt. *Runx2* und *Ihh*, essentielle Faktoren der Differenzierung sind ebenfalls stark eingeschränkt. *Runx2* gilt als zentraler Faktor während der Ossifikation, hinsichtlich der einsetzenden Matrixproduktion und als Regulator für *Ihh*. Die *Runx2* Expression fehlt in *spdh* Mutanten nahezu vollständig. *Ihh* wird in den hypertrophen Chondrozyten exprimiert und fungiert als Signalgeber für die Differenzierung. In *spdh* Schnitten wird deutlich, dass die Chondrozyten nicht hypertroph werden und *Ihh* nur im distalen Bereich gering exprimiert wird.

Abbildung 36: *in situ* Hybridisierung mit verschiedenen Differenzierungsmarkern

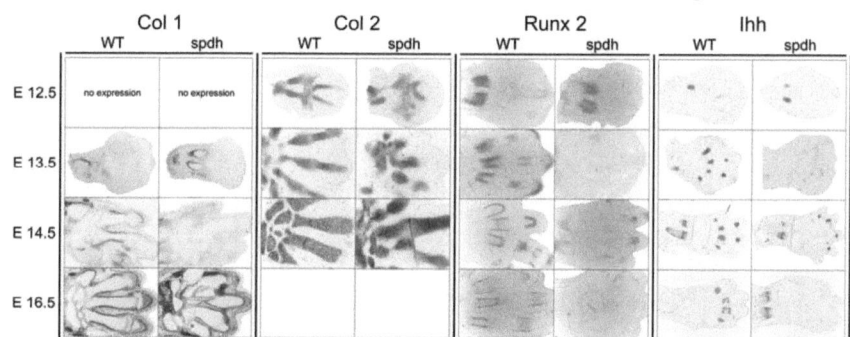

In situ Hybridisierungen auf 7µm dicken Paraffinschnitten mit Sonden gegen *Col1*, *Col2*, *Runx2* und *Ihh* auf unterschiedlichen Entwicklungsstadien. *Col1* ist eindeutig verringert in E12.5 und E14.5, die perichondriale Expression fehlt vollständig. *Col2* ist in frühen Stadien reduziert. Die Grenze zwischen Knorpelanlage und Fingerzwischenraum ist in *spdh* unscharf, wobei zusätzliche Knorpelelemente sichtbar sind. *Runx2* und *Ihh* sind in Mutanten stark herabreguliert. In *spdh* fehlt die perichondriale Expression von *Runx2* nahezu vollständig und es sind keine *Ihh* positiven, hypertrophen Chondrozyten zu beobachten.

Um diese Übersicht eingehender zu gestalten wurden im Stadium E16.5 zwei weitere Marker für die Differenzierung getestet (Abbildung 37). In hoher Vergrößerung wird das Fehlen des Perichondriums noch deutlicher. Die klar abgegrenzte starke Expression von *Col1* fehlt, und auch die *Osteopontin* Expression, ein von Osteoblasten sezerniertes Glycoprotein, ist nicht vorhanden.

Ergebnisse

Col10, ein von hypertrophen und mineralisierten Chondrozyten exprimiertes Molekül, das Ossifikationszentren markiert ist ebenfalls nicht angeschaltet. Auch die morphologische Betrachtung dieser Schnitte macht auf ein Fehlen des Perichondriums aufmerksam. Um diesen Mangel auch auf Proteinebene zu beweisen, wurden 7µm dicke Schnitte mit einem spezifischen Antikörper gegen Col1 immunhistologisch analysiert. Hierbei wird in Abbildung 37 anschaulich, dass deutlich weniger Col1 vorhanden ist, und somit die Zellen, die normalerweise entlang der Kondensationen das Perichondrium klassifizieren, diese Struktur nicht mehr spezifisch ausbilden. *Spdh* Tiere besitzen kein Perichondrium aus gestreckten, flachen Zellen, dass die Differenzierung reguliert und die Verknöcherung steuert.

Abbildung 37: Fehlendes Perichondrium in *spdh* Tieren

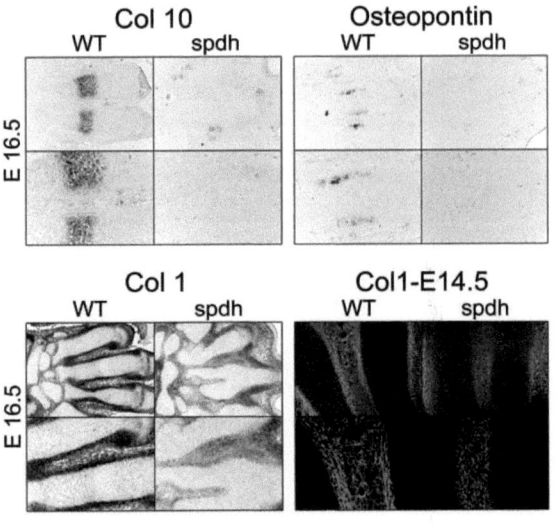

Gezeigt sind *in situ* Hybridisierungen auf 7µm dicken Paraffinschnitten mit spezifischen Sonden gegen *Col10*, *Osteopontin* und *Col1* bei E16.5.
Sowie Immunhistologie bei E14.5 mit spezifischem Col1-Antikörper. *Col10* markiert im wt die hypertrophen Chondrozyten, die in mutanten Tieren nicht vorhanden sind. *Osteopontin*, im wt ein perichondrialer Marker, ist ebenfalls in *spdh* nicht sichtbar. *Col1* ist im wt entlang der Kondensationen stark exprimiert. Diese Verteilung verschwindet in *spdh* gänzlich, auch die Morphologie der Zellen entspricht nicht den gestreckten, dicht gepackten Zellen, die das Perichondrium spezifizieren. Diese Beobachtung findet sich auch in der Immunhistologie. Col1 (grün) ist im wt entlang der Kondensationen zu finden, diese starke Färbung erkennt man in *spdh* nicht. Auch die höhere Vergrößerung zeigt, dass das Perichondrium als strukturierte Zellschicht verloren geht. Gegenfärbung der Zellkerne mit DAPI.

5.6.3 Homeotische Transformation der Metacarpalen zu Carpalen

In den vorangegangenen Studien, vor allem der histologischen van Kossa Färbung und unterschiedlichen *in situ* Hybridisierungen, wurde das Fehlen klassischer Ossifikationszentren und des Perichondriums offensichtlich. Daraus resultierte die Hypothese, dass Hoxd13 essentiell ist für die Spezifizierung des Perichondriums, dem wesentlichem Signalgeber während der Osteoblastendifferenzierung. Ferner gab es Hinweise darauf, dass die Mittelhandknochen in *spdh* Tieren die Identität von Handwurzelknochen erhalten, also eine homeotische Transformation zu verzeichnen ist. Zur genaueren Analyse wurden van Kossa Färbungen der Ossifikationszentren hergestellt. Hierbei wird in Abb. 38 sichtbar, dass Handwurzelknochen und die sekundären Ossifikationszentren normalerweise nach der Geburt, zum gleichen Zeitpunkt zwischen p4 und p7, hypertroph werden und mineralisieren (schwarz). Diese Mineralisation geht nicht endochondral voran, sondern alle Zellen bilden gleichmäßig Matrix; die entstehenden Zentren werden von Knorpel (rosa) und Gelenken umgeben. Die mikroskopische Vergrößerung der *spdh* Metacarpalen zeigt (Abb. 38) ebenfalls eine schwarze Färbung der mineralisierten Bereiche innerhalb der Knorpelanlage, die nicht endochondral verläuft, sondern auf dieselbe Art und Weise und zeitgleich mit der Ossifikation der Carpalen im wt stattfindet; die mutanten Mittelhandknochen verknöchern also wie wt Handwurzelknochen.

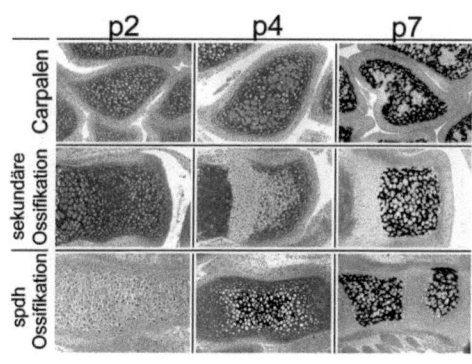

Abbildung 38: Studie zur Verknöcherung in Carpalen & sekundären Ossifikationszentren
Postnatale Stadien (7µm Plastikschnitte) mit van Kossa Färbung von Carpalen und sekundären Ossifikationszentren im wt; sowie von Metacarpalen aus *spdh*. Eindeutig im wt (p7) sind die mineralisierten Zentren (schwarz), die von Gelenkknorpel (rosa) umgeben sind. Hypertrophe Zellen innerhalb der *spdh* Metacarpalen mineralisieren nicht endochondral, sondern ebenso und zeitgleich wie wildtypische sekundäre Ossifikationszentren und Carpalen.

Ergebnisse

Die Analyse von *Gdf5* und *Sfz2*, die normalerweise im Gelenk exprimiert werden, lieferte zusätzlich interessante Erkenntnisse. In Abbildung 39 erkennt man im wt bei E16.5, dass *Gdf5* ausschließlich in den Gelenkregionen, sowohl der Metacarpalen, als auch die Carpalen umgebend, angeschaltet ist. Die Expression in *spdh* in Gelenkregionen der Metacarpalen ist nicht nachweisbar, jedoch erkennt man, dass *Gdf5* entlang der Kondensation der entstehenden Mittelhandknochen angeschaltet bleibt. Dort entstehen also gelenkähnliche Zwischenräume, wie normalerweise zwischen den Handwurzelknochen. Dieser Befund ist ebenfalls anhand der Expression von *Sfz2*, einem weiteren, gelenkspezifischen Faktor, zu verzeichnen. In wt ist dieses Gen in der Region zwischen den Phalangen stark exprimiert. In *spdh* hingegen, findet man entlang der Kondensation *Sfz2*-Signal. Scheinbar wird die proximo-distale Achse für die Identität der Extremitätenglieder Richtung distal verschoben und Mittelhandknochen erhalten die Identität von Handwurzelknochen. Die Hybridisierung mit *Col2* lieferte weiterhin einen eindeutigen Hinweis für die Theorie der homeotischen Transformation. Wenn man die postnatale Expression von *Col2* betrachtet (Abbildung 39), ist zweifelsfrei zu erkennen, dass es in wt rund um die Handwurzelknochen und sekundären Ossifikationszentren, sowie in proliferierenden und prähypertrophen Chondrozyten exprimiert ist. In den *spdh* Tieren ist das *Col2*-Signal nicht mehr in den Chondrozyten zu finden, dafür umgibt es die Mittelhandknochen, übereinstimmend mit der Expression um die wt Carpalen. Verifiziert wird diese Beobachtung durch die histologische Analyse (Abbildung 39), die zum einen den Unterschied zwischen wt und *spdh* Metacarpalen bezüglich der Verknöcherung verdeutlicht. In der mikroskopischen Vergrößerung erkennt man im wt trabekulären Knochen und die ausgeprägte flache Corticalis (schwarz) am Rand des Knochens, während in *spdh* Tieren kein trabekulärer Knochen und keine Corticalis, sondern gleichmäßige Mineralisation innerhalb der Knorpelanlage (schwarz) zu sehen ist. Und zum anderen wird in hoher Vergrößerung klar ersichtlich, dass sich entlang der mutanten Metacarpalen Knorpel (rosa) entwickelt, der eine rudimentäre Form des Gelenkknorpels darstellt (Pseudogelenk) und stark dem wt Carpalgelenk ähnelt.

Abbildung 39: *in situ* Hybridisierung und Morphologie zur homeotischen Transformation

ISH auf Paraffinschnitten, 7μm, mit spezifischen Sonden auf E16.5 und p7. Die Gelenkmarker *Gdf5* und *Sfz2* zeigen ein verändertes Muster. Beide werden im wt um die Handwurzelknochen und in Gelenken exprimiert, in *spdh* sind beide 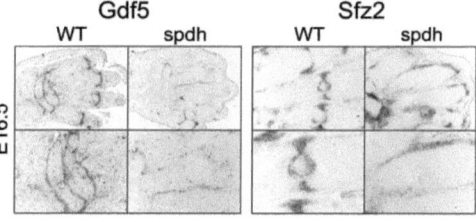 entlang der Knorpelanlage angeschaltet, aber nicht mehr in Gelenkregionen der Metacarpalen.

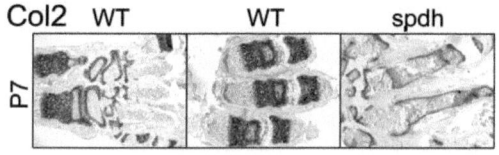

Im wt wird *Col2* um die Carpalen und die sekundären Ossifikationszentren, sowie in proliferierenden und prähypertrophen Chondrozyten exprimiert. In *spdh* findet man Expression nur noch um die Metacarpalen.

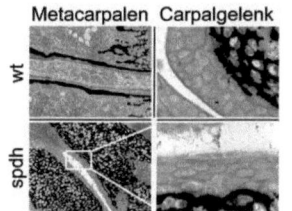

Van Kossa Färbung bei p7 (7μm Plastikschnitte). Im wt erkennt man trabekulären Knochen, Corticalis (schwarz) und Bindegewebe zwischen den Metacarpalen, sowie ein Gelenk zwischen wt Carpalen. In *spdh* Tieren findet man zwischen den Metacarpalen rudimentären Gelenkknorpel (rosa) und Pseudogelenke, wie auch die höhere Vergrößerung erkennen lässt (Box).

5.6.4 Zusammenhang zwischen Hoxd13 und Hoxa13

Die bisherigen Ergebnisse bezüglich der Verknöcherung deuteten darauf hin, dass *Hoxd13* Einfluss auf andere posteriore Hox-Gene haben muss, im Speziellen während der Differenzierung. Daher wurde der Zusammenhang zwischen diesen Transkriptionsfaktoren untersucht.

Die gefundenen, putativen Hox-Bindungsstellen im *Raldh2* Promotor sind nicht nur spezifisch für Hoxd13, daher wurden auch andere posteriore Hox-Gene auf ihre Fähigkeit hin untersucht, *Raldh2* zu aktivieren. Auch mit Expressionskonstrukten für Hoxd11 und Hoxd12 konnte eine deutliche Aktivierung von *Raldh2* verzeichnet werden, die bei Co-Transfektion mit Hoxd13

Ergebnisse

noch verstärkt ist. Wenn mit dem elongierten Hoxd13+7Ala-Konstrukt gemeinsam transfiziert wird, ist die Aktivierung von *Raldh2* nur geringfügig beeinträchtigt (keine Abbildung). Ein weiteres wichtiges Hox-Gen in der distalen Extremitätenentwicklung ist *Hoxa13*. Wenn man Expressionskonstrukte für Hoxd13 gemeinsam mit solchen für Hoxa13 transfiziert, ergibt sich ein additiver Aktivierungseffekt, und die Co-Transfektion von mutiertem Hoxd13 mit Hoxa13 verringert hier die Aktivierung von *Raldh2* (nicht gezeigt).

In früheren Arbeiten wurde bereits gezeigt, dass Hoxd11 und Hoxd12 von mutiertem Hoxd13 Protein nicht beeinflusst werden (Albrecht et al. 2004) und weiterhin in den Zellkern translozieren. Nachdem Hoxa13 jedoch von Hoxd13 mit verlängertem Alaninerepeat beeinflusst scheint, wurde die Kolokalisation dieser Proteine untersucht. Hierfür wurden sowohl Konstrukte für Hoxd13 wt, Hoxd13+7Ala und Hoxd13+14Ala jeweils gemeinsam mit Hoxa13 wt in Cos1-Zellen transfiziert und immunzytochemisch die Verteilung der Proteine untersucht. Dabei wurde deutlich, siehe Abbildung 40, das Hoxd13 wt (grün) und Hoxa13 wt (rot), wie für Transkriptionsfaktoren zu erwarten im Kern zu finden sind. Wenn Hoxd13 in mutierten Varianten vorliegt (grün) verbleibt es außerhalb des Kerns. Je länger die Alaninexpansion ist, desto mehr Protein bildet aggregatähnliche Komplexe im Cytoplasma. Die dortigen Proteinanreicherungen beeinflussen die Lokalisation von Hoxa13, das nun ebenfalls im Cytoplasma verbleibt und dort mit Hoxd13 kolokalisiert.

Aufgrund dieser Ergebnisse wurden nun weitere Mauslinien zur genaueren Untersuchung herangezogen. Derzeit wird die Verknöcherung auch in einer *Hoxd13* null-Allel Linie (Dollé et al. 1993) und in einer *Hoxa13* knockout Linie (Fromental-Ramain et al. 1996b) untersucht, sowie beide Linien mit der *spdh* Linie verkreuzt. Hierbei lieferten die ersten vorläufigen Ergebnisse klare Hinweise auf ein Zusammenspiel dieser beiden wesentlichen Faktoren in der Verknöcherung der distalen Extremitäten und sind wegbereitend für weitere Forschung auf diesem Gebiet.

Abbildung 40: Kolokalisation von Hoxd13 und Hoxa13

Abgebildet sind Cos1-Zellen, die mit Konstrukten für Hoxd13 und Hoxa13 transfiziert wurden. Hoxd13 wt (grün) und Hoxa13 wt (rot) finden sich im Zellkern. Hoxd13+7Ala und Hoxd13+14Ala (jeweils grün) translozieren nur anteilig in den Nukleus, je länger die mutierte Expansion, desto mehr Protein findet sich im Cytoplasma (linke Spalte). Hoxa13 wt (rot) wird davon beeinflusst und verbleibt zusammen mit Hoxd13 im Cytoplasma (zweite Spalte). Diese Kolokalisation wird in der gemeinsamen Darstellung (merge) eindeutig (gelb). Gegenfärbung des Zellkerns mit DAPI.

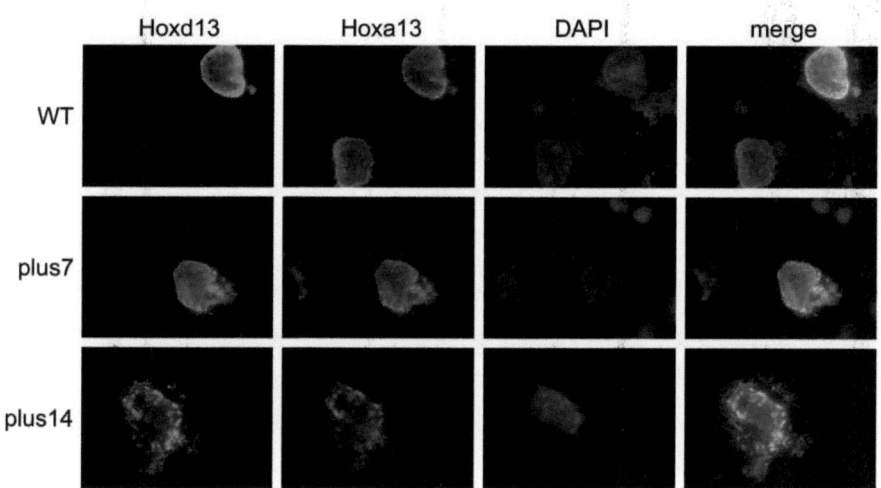

6. Diskussion

6.1 Kombination aus partiellem Funktionsverlust & Funktionsgewinn

Die Polyalaninexpansion der *spdh* Linie zieht aller Wahrscheinlichkeit nach keinen vollständigen Funktionsverlust nach sich. Der reine Verlust des funktionsfähigen Hoxd13-Proteins kann nicht auslösend für eine Synpolydactylie sein, da die *Hoxd13*-null-allele Mutante keine SPD entwickelt (Fromental-Ramain et al. 1996b), sondern hierfür die Verkürzung eines Fingers und postaxiale Polydactylie beschrieben wurden (Dollé et al. 1993). Wenn jedoch die drei posterioren Hoxd-Gene d11-d13 gemeinsam inaktiviert werden, entsteht ein leicht veränderter SPD Phänotyp (Zákány & Duboule 1996). Dies deutet an, dass mutiertes *Hoxd13* einen dominant negativen Einfluss auf andere Gene, im Speziellen andere Hox-Gene, entwickelt (Bruneau et al. 2001). Zur genaueren Untersuchung dieser Hypothese, wurde anfänglich die transgene Mauslinie PrxHoxd13^{+21Ala} generiert. Obwohl diese Tiere eine schwerwiegende Deformation von Radius und Ulna entwickeln, zeigen sie nur geringe Veränderungen im Autopod. In Anbetracht der durchaus vorhandenen Veränderungen im Stylopod, kann man davon ausgehen, dass PrxHoxd13^{+21Ala} keinen reinen Funktionsverlust aufweist, allerdings in dieser mutierten Form alleine nicht ausreicht, um in den distalen Extremitäten Veränderungen auszulösen. Auch der zusätzliche Austausch eines wt Allels gegen ein *spdh* Allel verändert die distale Extremität hier nicht wesentlich. Wenn der wildtypische Hintergrund jedoch verloren geht, und das Transgen in einen homozygoten *spdh* Hintergrund eingebracht wird, ist der SPD Phänotyp verstärkt. Ein wt Allel *Hoxd13* kann offensichtlich die negativen Effekte der Polyalanin-Mutante ausgleichen. Wird allerdings ein, normalerweise rezessives, *spdh* Allel mit einem funktionslosen *Hoxd13* Allel kombiniert, erhält man einen Phänotyp, der sich von dem für *spdh* oder dem reinen Funktionsverlust unterscheidet. Denn dieser Phänotyp beinhaltet zum einen Merkmale des Funktionsverlustes, wie die Verkürzung eines Fingers. Zum anderen aber auch weitere Merkmale, wie abnormale Gelenkbildung, Unregelmäßigkeiten in der

Diskussion

Knorpeldifferenzierung, sowie Verzögerung der Ossifikation, und auch ektopische Knorpelbildung im interdigitalen Mesenchym. Daraus kann geschlossen werden, dass die Mutation mit sieben zusätzlichen Alaninen einen Funktionsverlust beinhaltet, aber auch einen Funktionsgewinn nach sich zieht. Dieser Funktionsgewinn tritt nur ohne *Hoxd13* wt Hintergrund auf, unterscheidet sich von der reinen *Hoxd13* Funktion und kann daher auch als neomorph bezeichnet werden.

6.2 Aufklärung des Pathomechanismus von SPD

Bis heute wurde immer eine fehlerhafte Regulation des *Shh* Signalweges, oder eine Misexpression von *Shh* am anterioren Ende der Extremitätenknospe dem Pathomechanismus der Polydactylien zugrunde gelegt (Hill 2007, Masuya et al. 1995). So resultieren z.B. Mutationen innerhalb der regulatorischen Sequenz von *Shh* in einer anterioren Expression und induzieren Polydactylie (Lettice et al. 2002, Maas & Fallon 2005, Klopocki et al. 2008). Andere Gene, wie *Alx4*, interferieren mit dem *Shh* Signalweg und rufen damit eine Polydactylie hervor, weil *Shh* auch dann falsch exprimiert wird und daher eine falsche polarisierende Aktivität entsteht (Chan et al. 1995).

Unsere Ergebnisse hingegen legen nahe, dass der Retinsäuresignalweg in *spdh* Mäusen gestört ist. RA wurde als entscheidendes Signalmolekül in der Entwicklung der Extremitätenknospe identifiziert, da die Zugabe von exogener RA zu Duplikationen in der sich regenerierenden Axolotl-Extremität führt (Maden 1982). Außerdem führt die Verabreichung von RA an das anteriore Ende von Hühnerextremitäten zu Duplikationen in der anterior-posterioren Achse (Tickle et al. 1982). Die Signaltransduktion mittels RA scheint mindestens zu zwei unterschiedlichen Zeitpunkten während der Entwicklung eine wichtige Rolle zu spielen (Mic et al. 2004). In der frühen Entwicklungsphase ist RA unentbehrlich für den Beginn der Ausknospung der Extremität aus dem lateralen Plattenmesoderm. In einer späteren Phase der Entwicklung scheint die Hauptfunktion von RA die proximo-distale Signalvermittlung während der

Diskussion

Entwicklung der AER und der Induktion der *Shh* Expression zu sein (Niederreither et al. 2002). Diese spätere Funktion hängt teilweise von der RA-vermittelten Aktivierung der Hox-Gene ab, die wiederum die *Shh* Expression anschalten (Lu et al. 1997). Trotz all der bekannten Funktionen von RA, bleibt ihre definitive Aufgabe ungeklärt und strittig. Die aktive Form von RA wird von Retinaldehyd-Dehydrogenasen (Raldh1-3) synthetisiert, Enzymen, die den zweiten oxidativen Schritt, vom Retinol zur RA katalysieren (Zhao et al. 1996). Während der frühen Embryonalentwicklung in Mäusen ist Raldh2 verantwortlich für die RA-Biosynthese und somit für die initiale RA-Signalübermittlung. Gezeigt wurde diese Bedeutung des Enzyms in Raldh2-defizienten Embryonen, die schwere Mittelliniendefekte aufweisen und keinerlei Extremitäten ausbilden (Mic et al. 2004, Niederreither et al. 2002), allerdings wurden spätere Stadien, wegen der schweren Missbildungen, nicht weiter analysiert. In dieser Arbeit wurde gezeigt, dass *Raldh2* in den Stadien E12.5 und E13.5 exprimiert wird, wenn sich die Fingeranlagen ausbilden. Die Expression beschränkt sich auf das interdigitale Mesenchym und das Perichondrium und ist somit überlappend mit der *Hoxd13* Expression zu diesen Entwicklungsstadien. In den *spdh* Mäusen ist die Expression dieses essentiellen Enzyms im interdigitalen Mesenchym reduziert und fehlt im Bereich des Perichondriums, an den Rändern der Kondensationen, ganz.

Der Mangel von *Raldh2* in *spdh* Mäusen legte nahe, dass das Enzym direkt von Hoxd13 reguliert werden könnte. Die Promotoranalyse, die Luciferaseversuche, und die Chromatin-IP bestätigten diese Aktivierung durch Hoxd13 wt über direkte Bindung des Transkriptionsfaktors an den *Raldh2* Promotor. Eine reduzierte Menge an *Raldh2* müsste sich auch in einer verringerten Menge an RA in der sich entwickelnden Knospe niederschlagen. Diese Reduzierung um 40% wurde über eine direkte Messung bestätigt. Die Hypothese, dass der RA Signalweg gestört ist, wird gestützt von der Herabregulation verschiedener bekannter RA Zielgene, wie z.B. des RA-Rezepors *RARβ, Tbx5, Meis2* und *dHand* (Mic et al. 2004, de Thé et al. 1990, Allenby et al. 1993, Mercader et al. 2000).

Diskussion

Es wurde bereits gezeigt dass RA nicht nur während der Musterbildung eine Rolle spielt, sondern auch Einfluss auf die Chondrogenese hat. RA kann die Chondrogenese inhibieren (Weston et al., 2002), wobei auch schon ältere Studien zeigen, dass gerade Zellen aus dem proximalen Bereich der Extremitätenknospe, während der Chondrogenese, anfällig für RA bedingte Störung sind. *In vivo* verstärken geringe Dosen RA die Chondrogenese, wohingegen höhere Dosen in einer Hemmung der Knorpelbildung resultieren (Wedden et al. 1987, Desbiens et al. 1990). Außerdem wurde bereits untersucht, dass der Verlust von RA-Rezeptor vermittelter Signalübertragung, ausreichend ist, um die Skelettentwicklung in Mäusen zu stören (Hoffman et al. 2006). Zum Teil wird dieser Effekt vermutlich über *Sox9* vermittelt, einem Transkriptionsfaktor, der unerlässlich für die Knorpelbildung ist (Weston et al. 2000, Weston et al. 2002). Außerdem steht der RA-vermittelte Signalweg den chondrogenen Effekten des BMP-Signalweges gegenüber, wobei Bmp4 selber die *Raldh2* Expression herunter reguliert und somit die vorhandene Menge an RA beeinflusst (Hoffman et al. 2006). Unsere Versuche in chMM-Kulturen bestätigen diese Thesen und zeigen eindeutig, dass RA die Chondrogenese in primären Zellen unterdrückt, wohingegen RA-Inhibitoren die Knorpelbildung verstärken. Tatsächlich scheint also RA ein wichtiger Faktor in der Skelettentwicklung zu sein, indem mesenchymale Zellen in ihrer Differenzierung zu Knorpelzellen negativ beeinflusst werden.

Dieser anti-chondrogene Effekt im interdigitalen Mesenchym ist in *spdh* Mäusen, aufgrund der geringeren *Raldh2* Aktivierung und somit geringeren Mengen an RA, im Extremitätengewebe nicht mehr gegeben und die Zellen dort erhalten falsche Differenzierungssignale.

Unsere Ergebnisse deuten an, dass der physiologische Gehalt an RA in den *spdh* Tieren nur mäßig erniedrigt ist, da die Tiere keine schwereren Phänotypen wie z.B. Trunkationen der Extremitäten aufweisen. Auf der anderen Seite scheint der Zeitpunkt der Regulation von *Raldh2* durch Hoxd13 der ausschlaggebende Faktor während der Skelettbildung zu sein, der verantwortlich für den entstehenden Phänotyp ist. Raldh2-defiziente Mäuse bilden keinerlei Extremitäten aus, können

Diskussion

aber teilweise gerettet werden, indem man schwangeren Mäusen RA oral verabreicht (Niederreither et al. 2002). Daher wurde in dieser Arbeit ebenfalls versucht RA in *spdh* Tieren zu substituieren. Schwangeren *spdh* Mäusen wurden geringe Dosen RA, durch orale Gabe, verabreicht, um den Effekt auf den SPD Phänotyp zu beobachten. Unsere Resultate belegen, dass die Polydactylie in den mutierten Tieren verhindert werden konnte, was beweist, dass RA-Mangel tatsächlich eine wichtige Rolle in der Pathogenese der Hoxd13-assoziierten SPD spielt.

Hierbei muss noch angeführt werden, dass in früheren Studien gezeigt wurde, dass mit einer Senkung des RA-Gehalts eine vorzeitige und ektopische Expression der Hox-Gene in den frühen Extremitätenknospen verbunden ist (Niederreither et al. 2002). Weiterhin wurde bereits eine Aktivierung der Hox-Gene durch RAREs und RA beschrieben, ebenso wie die Steuerung der kolinearen Aktivierung der Hox-Gene durch RA (Serpente et al. 2005, Simeone et al. 1990). Man weiß, dass RA für die Aktivierung der Hox-Gene mitverantwortlich ist, indem sie anteriore Hox-Gene begünstigt und die Expression der posterioren eher verzögert (Zákány et al. 1997). Die Expression der Hox-Gene in der *spdh* Linie wurde in vorangegangenen Arbeiten bereits mehrfach und gründlich untersucht (Bruneau et al. 2001, Albrecht et al. 2002) und es wurden keinerlei Unterschiede gefunden, die darauf hindeuten, dass die Missregulation von RA ins *spdh* Tieren ausreicht, um eine falsche Expression der posterioren Hox-Gene auszulösen.

Um die Hypothese zu unterstreichen, dass mutiertes *Hoxd13* die Chondrogenese im interdigitalen Mesenchym nicht mehr unterdrückt, oder sogar induziert, wurde das chondrogene Potential des interdigitalen Mesenchyms untersucht. *Sox9*, ein Transkriptionsfaktor, der ausreichend und essentiell ist Chondrogenese zu induzieren, wurde im *spdh* Gewebe analysiert. Normalerweise ist *Sox9* in den Kondensationen der Extremitätenknospe strikt abgegrenzt exprimiert. In *spdh* Tieren ist die Expression jedoch unscharf begrenzt und erstreckt sich zusätzlich auf das interdigitale Mesenchym. Die Proteinverteilung zeigt in *spdh* ebenso wenig scharf abgegrenzte Bereiche. Schließlich bekräftigt auch das erhöhte chondrogene Potential primärer Zellen aus *spdh* Gewebe die Annahme, dass die Zellen falsche Differenzierungssignale erhalten. Vermutlich supprimiert Hoxd13 *Sox9* direkt oder indirekt und verhindert somit die Knorpeldifferenzierung. Diese Funktion ist in den *spdh* Tieren gestört und dadurch fehlt die Suppression, wodurch ektopisch Knorpel gebildet wird. Hervorzuheben ist hier, dass es sich bei der Hoxd13-assoziierten Polydactylie um einen vollständig anderen Mechanismus handelt, als bei den bisher beschriebenen Pathomechanismen für Polydactylien. Üblicherweise gehen Polydactylien immer mit einer ektopischen Expression von *Shh* einher, wodurch ein nicht korrekter anterior-posterior Gradient entsteht und daher gesamte Finger in der Musterbildung bereits falsch angelegt werden. Hier jedoch handelt es sich um einen Differenzierungsdefekt, da Zellen im interdigitalen Mesenchym unkontrolliert chondrogene Signale bekommen.

6.3 Ephrine

Nahezu alle Mitglieder der Ephrinfamilie werden während der Embryonalentwicklung, zu verschiedenen, sehr genau definierten Entwicklungsstadien, in unterschiedlichen Regionen und in variierender Stärke exprimiert. Daher wurde ihnen eine Rolle in der Positionierung der Zellen zugeschrieben. Seither werden die Ephrine als ein prinzipielles Zellleitsystem, während der Vertebraten- und Invertebratenentwicklung, definiert (Boyd & Lackmann 2001). Außerdem wurden bislang etliche Gene identifiziert, die in zwar Verbindung mit Hox-Genen differentiell exprimiert werden, allerdings zeigen nur wenige Untersuchungen eine direkte Regulation durch Hox-Proteine. Die Ephrin-Rezeptortyrosinkinasen und die Eph-Liganden allerdings wurden als Zielgene von Hox-Genen beschrieben (Cobb & Duboule 2005, Stadler et al. 2001).

Die Expression von *EphA7* z.B. korreliert in der Extremitätenknospe mit der Expression von *Hoxa13* und *Hoxd13* und es wurde gezeigt, dass endogenes Hoxd13 an die Promotorregion von *EphA7* binden kann und so dessen Transkription aktiviert. Eine Mutation innerhalb von *Hoxd13*, die im Menschen

Diskussion

eine Brachydactylie-Polydactylie nach sich zieht, ist wiederum nicht mehr in der Lage *EphA7* zu aktivieren (Salsi & Zappavigna 2006).

Während der späteren Embryonalentwicklung kontrollieren EphrinB und EphrinB-Rezeptoren die Musterbildung im sich entwickelnden Skelett (Compagni et al. 2003). Mäuse mit inaktiviertem EphrinB1 weisen Defekte im axialen und appendikulären Skelett auf, wie z.B. die asymmetrische Anordnung der Rippen, das Fehlen von Gelenken und Polydactylie (Twigg et al. 2004). Um das Gleichgewicht innerhalb des Knochens aufrechtzuerhalten, muss die Aktivität von Osteoklasten und Osteoblasten genau koordiniert sein. Kürzlich wurde beschrieben, dass bidirektionale Signalübermittlung zwischen diesen zwei Zellpopulationen über EphrinB2, in den Osteoklasten, und Ephrin-RezeptorB4, in den Osteoblasten, vermittelt wird (Zhao et al. 2006, Mundy & Elefteriou 2006). So werden hierbei die Osteoklasten in ihrer Aktivität eingeschränkt, während die Osteoblasten in ihrer Differenzierung stimuliert werden. *EphA4* findet man ebenfalls innerhalb hypertropher Chondrozyten und Osteoblasten, in der Wachstumsfuge der Röhrenknochen. RNAi-vermittelte Hemmung von *EphA4* resultiert in einer Unterdrückung von *Osteocalcin* und der alkalischen Phosphataseaktivität. Diese Beobachtungen lassen auf eine entscheidende Rolle von *EphA4* während der Ossifikation in späteren Entwicklungsstadien schließen (Kuroda et al. 2008).

Für die Aufklärung des Pathomechanismus der Hoxd13-assoziierten SPD sind diese Ergebnisse besonders interessant, da z.B. der Verlust von *Hoxa13* zu einem Verlust von Eph-Rezeptoren und somit zum Verlust der Zelladhäsion und der chondrogenen Kapazität führt (Stadler et al. 2001).

Ausgehend von der Annahme, dass Hoxa13 von mutiertem *Hoxd13* beeinflusst wird, und beide Gene, oder eine Kombination aus beiden, die Expression der Ephrine regulieren, erklären sich die Regulation in den Affymetrix® Microarrays, sowie die diversen veränderten Expressionsmuster der Ephrinfamilie. Folglich ist eine genauere Untersuchung der *spdh* Linie bezüglich der Ephrinfamilie von besonderem Interesse, da dies sicher weitere Einblicke in die regulatorischen

Diskussion

Netzwerke, die die Extremitätenentwicklung kontrollieren, liefern wird. Für die *spdh* Linie ist hierbei im Besonderen an die fehlende Grenzbildung, die Verschmelzung der Kondensationen und den Verknöcherungsdefekt zu denken, die durch mangelhafte bidirektionale Signalübermittlung zustande kommen könnten.

6.4 Die verzögerte Verknöcherung und homeotische Transformation

Die Kondensationen sind von einer Hülle aus abgeflachten, lang gestreckten Zellen umgeben, die als Perichondrium bezeichnet werden. Die Zellen innerhalb der Kondensationen differenzieren in gut charakterisierten Schritten, an deren Ende die Knorpelzellen apoptotisch werden und durch Osteoblasten ersetzt werden, die Knochen aufbauen (Karsenty 2003). Die Schicht aus Zellen, die die knochenbildende Region eines Röhrenknochens umgibt, wird als Periosteum bezeichnet. Bislang geht man davon aus, dass das Perichondrium, einhergehend mit der Differenzierung des darunter liegenden Gewebes, in Periosteum differenziert (Bairati et al. 1996). Sowohl Perichondrium, als auch Periosteum haben verschiedene Schichten, wobei die Innere zum Wachstum von Knorpel und Knochen beiträgt und die Äußere eine strukturelle Rolle einnimmt, indem sie Anhaftungsstellen für Sehnen und Bänder bietet (Scott-Savage & Hall 1980).

Die Ergebnisse dieser Arbeit zeigen, dass in *spdh* Tieren das Perichondrium nicht wie im wt vorliegt. Die Expression spezifischer Marker konnte nicht gezeigt werden und auch morphologisch konnten die spezifischen Zellschichten nicht dargestellt werden. Auch *Runx2*, ein wesentlicher Faktor für die Osteoblastendifferenzierung und die Skelettbildung, der überlappend mit *Hoxd13* exprimiert ist, kann in *spdh* Tieren nur noch distal nachgewiesen werden. *Ihh*, das differenzierende Chondrozyten markiert und, über Rückkopplung mit *PTHrP*, wichtige Prozesse während der endochondralen Ossifikation steuert, konnte ebenfalls nicht mehr dokumentiert werden, da die induzierenden Signale des Perichondriums fehlen. Dies bringt die Hypothese auf, dass *Hoxd13* während der späteren Embryonalentwicklung eine essentielle Rolle für die Spezifizierung des

Diskussion

Perichondriums spielt und diese Funktion in mutierter Form nicht erfüllen kann. Vermutlich reguliert Hoxd13 die Runx2 Aktivität und ist somit maßgeblich für die perichondriale Signalgebung verantwortlich. Bereits mehrfach wurde gezeigt, dass Signale, die von Perichondrium und Periosteum ausgehen, wichtige Aufgaben für die Chondrozytendifferenzierung und die Knochenbildung erfüllen. Erst kürzlich wurden neue, sehr spezifische Marker definiert, die Perichondrium und Periosteum detaillierter analysieren und in einzelne Zellschichten unterteilen (Bandyopadhyay et al. 2008). Diese Marker werden derzeit auch in der *spdh* Mauslinie und in den verschiedenen Verkreuzungen analysiert und bieten für die Zukunft die Möglichkeit weitere Aussagen zu machen darüber, welche Prozesse zur Verzögerung der Verknöcherung beitragen.

Vermutlich kommt der Effekt des fehlenden Perichondriums in *spdh* Tieren unter anderem dadurch zustande, dass die mutierte Hoxd13-Variante sich negativ auf die Funktion von Hoxa13 auswirkt, da auch dieser Transkriptionsfaktor vermutlich nicht mehr vollständig in den Kern translozieren kann. Beide Transkriptionsfaktoren können ähnliche Funktionen (Salsi & Zappavigna 2006) erfüllen und wurden bereits in der Vergangenheit in Mäusen untersucht. So wurde schon beschrieben, dass Mäuse, denen die Hoxa und Hoxd Funktion in den vorderen Extremitäten fehlen, in ihrer frühen Entwicklungsphase in der Musterbildung arretiert sind und schwere Trunkationen aufweisen (Kmita et al. 2005).

Einer der interessantesten Befunde scheint allerdings die Wandlung der Metarcarpalia in Carpalia. Hierbei scheint es sich um eine klassische homeotische Transformation zu handeln. Dieses Phänomen wurde erstmals 1894, von William Bateson, beschrieben, und bedeutet, dass Mutationen in homeotischen Genen oder deren Verschiebung, entlang der von ihnen definierten Achse, die Identität eines Körpersegments in die der benachbarten Region verändern. Wenn beispielsweise Mutationen eingefügt werden, die die Wirbelsäule betreffen, werden Identitäten der einzelnen Wirbel auf homeotische Art und Weise transformiert (Ramirez-Solis et al. 1993). Diese Eigenschaft verlieh den Homeobox-Genen auch ihren Namen

Diskussion

und das Potential dieser Gene, durch Achsenverschiebung, Transformationen zu erzeugen ist vielfach gezeigt. So wurde z.B. *Hoxa13* in der gesamten Extremitätenknospe ektopisch exprimiert. Dies führte zu einer Größenabnahme in den Knorpelelementen des Zeugopods. Diese Größenabnahme wurde einer homeotischen Transformation zugeschrieben, bei der sich Knorpel des Zeugopods in die weiter distal gelegenen Elemente des Autopods verwandelt. *Hoxa13* wurde verantwortlich gemacht für den Wechsel des genetischen Codes von Röhrenknochen zu kurzen Röhrenknochen (Yokouchi et al. 1995). In dieser Studie verloren Zellen, in Explantationsversuchen in der Zellkultur, ihren adhäsiven Charakter und entbehrten damit eine essentielle Fähigkeit für die Knorpelbildung. Ähnliche Experimente werden in Zukunft mit der *spdh* Mutante vorgenommen. Des Weiteren untersuchen wir mittlerweile auch Mutanten denen *Hoxa13* fehlt, bei denen *Hoxd13* inaktiviert ist, beide jeweils auch verkreuzt mit *spdh,* sowie untereinander. Alle Tiere weisen Defekte in der Knochenbildung auf und wir haben schlüssige Hinweise darauf, dass eine Interaktion von *Hoxd13* und *Hoxa13* notwendig ist, um endochondrale Ossifikation zu gewährleisten.

Abschließend lässt sich feststellen, dass mit dieser Arbeit zwei wesentliche Dinge gelungen sind. Zum einen konnte zur Aufklärung des Differenzierungsdefektes der Knochen in späteren Entwicklungsstadien beigetragen werden. Hierbei wurde gezeigt, dass Hoxd13 scheinbar bei der Entwicklung des Perichondriums eine Rolle spielt und Mutationen in diesem Gen vermutlich eine homeotische Transformation nach sich ziehen.

Zum anderen konnte der Pathomechanismus der Hoxd13-assoziierten SPD teilweise aufgeklärt werden. Zusätzliche knorpelige Anlagen entstehen während früherer Entwicklungsstadien nicht aufgrund falscher Musterbildung, sondern aufgrund unkontrollierter Differenzierung. Dabei muss von mehreren gemeinsam wirkenden Mechanismen ausgegangen werden, die zur Ausbildung des Phänotyps beitragen und in einem Modell in Abbildung 41 dargestellt sind. Mutiertes *Hoxd13* aktiviert den BMP-Signalweg nicht ausreichend, führt damit zu reduzierter

Diskussion

Apoptose und könnte somit für die Verwachsungen der einzelnen Finger verantwortlich sein. Weiterhin trägt mangelnde BMP-Aktivierung wahrscheinlich auch zum Verknöcherungsdefekt bei. Durch fehlerhaft regulierte Ephrin-vermittelte, bidirektionale Signalübertragung fehlt die korrekte Grenzbildung und genaue Zell-Zell Abgrenzung, daher sind Fusionierungen der zusätzlichen Kondensationen mit den vorhandenen Fingeranlagen möglich. Letztlich wird Chondrogenese im interdigitalen Mesenchym nicht mehr durch RA unterdrückt. In der *spdh* Linie wird *Raldh2* nicht ausreichend aktiviert, ein Mangel an RA entsteht, dies führt zu vermehrter, unkontrollierter Zelldifferenzierung. Gestützt wird diese These auch von RA-Rezeptor knockout Mäusen, die ebenfalls zusätzliche, interdigitale Knorpelanlagen entwickeln (Lohnes et al. 1994). *Hoxd13* fungiert im interdigitalen Mesenchym normalerweise als Repressor der Chondrogenese und der Zelldifferenzierung. *spdh* Tiere verlieren diesen repressiven Effekt. Anstelle dessen findet man einen neomorphen, Chondrogenese induzierenden Effekt. Der Verlust der Suppression der Chondrogenese in den Interdigitalen, und die erhöhte Induktion dort, führen zu zusätzlichen Kondensationen und somit zur Polydactylie.

Im Gegensatz zu anderen Polydactylien, die üblicherweise immer an die Missexpression von *Shh* gekoppelt sind, daher tatsächlich zusätzliche Fingeranlagen angelegt werden, entstehen hier die zusätzlichen Kondensationen durch einen Vorgang unkontrollierter, verstärkter Differenzierung im interdigitalen Mesenchym. Ein ähnlicher Prozess ist zu beobachten wenn die AER entfernt wird und daraufhin ektopischer Knorpel und Polydactylie entsteht (Hurle & Ganan, 1987).

Es wird also hiermit einen Pathomechanismus für Hoxd13-assoziierte SPD vorgeschlagen, der keinen Defekt der Musterbildung darstellt, sondern einen Differenzierungsdefekt und damit neu ist.

Diskussion

Abbildung 41: Modell zur Entstehung der Hoxd13-assoziierten SPD
Dargestellt ist ein Modell zur Entstehung des *spdh* Phänotyps im Entwicklungsstadium E13.5.
In wt ist *Bmp4* in den Fingerkuppen stark exprimiert und induziert unter anderem auch Apoptose. Auch innerhalb der Kondensationen findet man Bmp4 Signale, die dort zur Differenzierung beitragen. Bidirektionale Ephrin-Signalübertragung ermöglicht Zell-Zellspezifizierung und Grenzbildung zwischen den Geweben. Im interdigitalen Mesenchym aktiviert Hoxd13 *Raldh2* und somit wird dort RA produziert. Die Chondrogenese dort wird unterdrückt.
In der *spdh* Extremität wird *Bmp4* nicht korrekt von Hoxd13 aktiviert. Die Differenzierung ist gestört, aber auch Apoptose geht verloren und die Finger trennen sich nicht korrekt. Missexpressionen, sowohl der Ephrin-Liganden, als auch Rezeptoren, sorgen für mangelnde Grenzbildung und ermöglichen die Fusion der zusätzlichen Kondensationen mit den Fingeranlagen. Im interdigitalen Mesenchym wird *Raldh2* nicht ausreichende aktiviert, zuwenig RA wird synthetisiert und somit die Chondrogenese nicht mehr unterdrückt. Gemeinsam mit einem *Sox9*-aktivierenden Effekt des mutierten Hoxd13 Proteins, kommt es dort zu unkontrollierter Differenzierung.

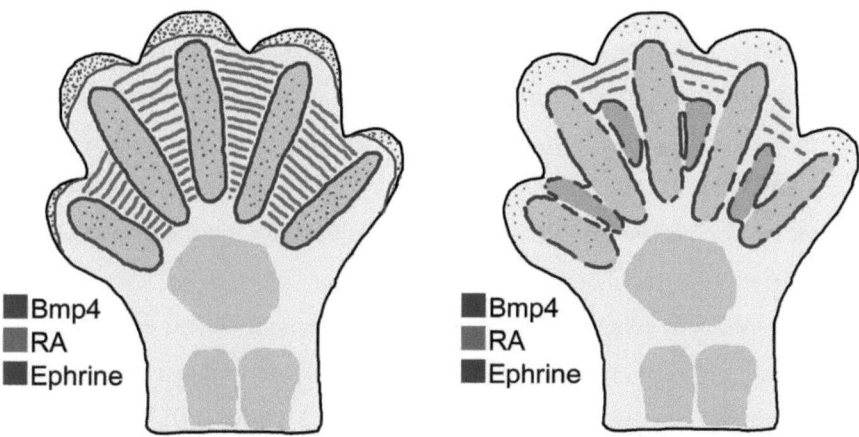

7. Zusammenfassung

Patienten mit erblich bedingter Synpolydactylie (SPD) entwickeln Skelettfehlbildungen, wie einen oder mehrere, zusätzliche Finger oder Zehen und deren Fusionierung. Eine Mutation in *Hoxd13*, die zur Verlängerung eines Polyalaninrepeats führt, verursacht SPD; wobei die Schwere des entstehenden Phänotyps mit der Länge der Expansion korreliert ist. *Hoxd13* gehört zur Familie der hoch konservierten Hox-Gene; Transkriptionsfaktoren, die während der embryonalen Entwicklung eine essentielle Rolle in der Achsenbildung spielen.

In dieser Arbeit wurde das spontan entstandene Mausmodell *spdh* (synpolydactyly homolog) untersucht, um den Pathomechanismus der Hoxd13-assoziierten SPD aufzuklären. *Spdh* Tiere tragen eine Verlängerung um sieben zusätzliche Alanine in *Hoxd13* und weisen einen SPD ähnlichen Phänotyp mit zusätzlichen Fingern und Zehen, deren Fusionierung, sowie defiziente Gelenkentwicklung und einen Verknöcherungsdefekt auf.

Transgene Tiere und verschiedene Verkreuzungsexperimente lieferten Hinweise darauf, dass die Mutation in *Hoxd13* eine Kombination aus Funktionsverlust und negativem Funktionsgewinn nach sich zieht, zumal auch Tiere mit inaktiviertem *Hoxd13* keine SPD entwickeln.

Zum einen ist es mit dieser Arbeit gelungen, Anhaltspunkte dafür zu finden, dass in *spdh* Tieren das Perichondrium als wesentlicher Signalgeber während der Ossifikation verloren geht, die verzögerte Verknöcherung nicht endochondral verläuft, und es sich hierbei um eine homeotische Transformation der Mittelhandknochen zu Handwurzelknochen handelt. Diese Effekte kommen vermutlich durch den Einfluss von mutiertem *Hoxd13* auf *Hoxa13* zustande.

Zum anderen wird der Pathomechanismus aufgeklärt, der zu zusätzlichen, fusionierten Kondensationen führt. Mangelhafte BMP-Aktivierung und falsch regulierte Ephrin-vermittelte Signalübertragung führen zu mangelnder Apoptose und unausreichender Zell-Zellabgrenzung. Dies könnte für die Fusionierungen der chondrogenen Anlagen verantwortlich gemacht werden.

Ausschlaggebend für die zusätzlichen Kondensationen ist der gestörte Retinsäuresignalweg. Hier wird gezeigt, dass Hoxd13 wt direkt an den *Raldh2* Promotor binden und diesen aktivieren kann. *Raldh2* ist das einzige Enzym, das in der entstehenden Extremitätenknospe Retinsäure (RA) produziert, die wiederum im interdigitalen Mesenchym die Chondrogenese unterdrückt. In *spdh* Tieren wird zuwenig *Raldh2* aktiviert, daher zuwenig RA produziert; die Chondrogenese im interdigitalen Mesenchym wird nicht ausreichend unterdrückt und die Zellen dort erhalten falsche Differenzierungssignale. Die ungenügende RA-Konzentration konnte substituiert werden und behandelte Tiere entwickelten in allen Fällen fünf Finger. So konnte ein erblich bedingter Entwicklungsdefekt behoben werden.

Daher wird hier ein neuer Pathomechanismus für Polydactylie vorgeschlagen, der im Gegensatz zu den bisher bekannten Mechanismen kein Defekt in der Musterbildung ist, sondern dem ein Prozess der unkontrollierten Differenzierung zugrunde liegt.

Summary

Patients with inherited synpolydactyly (SPD) show limb malformations characterized by one ore more additional digits and toes and fusions of those. A mutation within *Hoxd13* comprising an expansion of a polyalanine repeat is the cause for SPD. The length of the expansion is correlated to the severity of the phenotype. *Hoxd13* belongs to the hox-gene family, transcription factors which play a crucial role in axis formation during embryonic development.

In this work the mutant mouse model *spdh* (synpolydactyly homolog) was analyzed to elucidate the underlying pathomechanism of Hoxd13 associated SPD. *Spdh* animals carry an expansion of seven additional alanines and exhibit an SPD like phenotype with additional digits and toes, fusions, abnormal joint formation and a severe ossification delay.

Transgenic approaches as well as crossbreeding studies revealed that the mutation in *Hoxd13* results in a combination of loss and gain of function, particularly because animals with inactivated *Hoxd13* do not display an SPD phenotype.

Zusammenfassung

On the one hand this work provides evidence, that in *spdh* animals the perichondrium, as essential cell layer, for ossification, is absent. Ossification is delayed and does not take place in an endochondral manner. This results in a homeotic transformation of metacarpals to carpal bones. These effects are likely due to an influence of mutated *Hoxd13* on *Hoxa13*.

On the other hand the pathomechanism leading to additional condensations was elucidated. BMP- and Ephrin-signaling pathways were shown to be altered. This contributes to deficient differentiation and lacking apoptosis as well as insufficient border formation, between the cartilaginous and non-cartilaginous tissue. This contributes to the fusion of condensations.

Crucial for additional condensations is the deregulation of the retinoic acid (RA) signaling pathway. Here we show that Hoxd13 wt is able to bind directly to and to activate the *Raldh2* promoter. *Raldh2* is the unique enzyme in the developing limb bud which produces RA, which in turn suppresses chondrogenesis in the interdigital mesenchyme. In *spdh* mutants less *Raldh2* is activated, resulting in reduced RA levels in the limbs. Due to reduced RA levels chondrogenesis is not inhibited properly and cells obtain wrong differentiation signals in the interdigital mesenchyme. Insufficient RA levels were restored by oral administration of RA to pregnant mice. Treated animals sowed five digits in all cases. Thus, the SPD phenotype was partially rescued.

In conclusion a new pathomechanism for polydactyly was characterized, which is, in contrast to known mechanisms, not a patterning defect like mirror duplications, but rather a result of irregular uncontrolled processes of differentiation within the interdigital mesenchyme.

8. Literaturverzeichnis

1. Abrams, K.L. et al., 2004.
    An evolutionary and molecular analysis of Bmp2 expression.
    The Journal of Biological Chemistry, 279(16), 15916-28.

2. Akarsu, A.N. et al., 1996.
    Genomic structure of HOXD13 gene: a nine polyalanine duplication causes synpolydactyly in two unrelated families.
    Human Molecular Genetics, 5(7), 945-52.

3. Alberts, 2002
    Molecular Biology of the Cell

4. Albrecht, A.N. et al., 2002.
    The synpolydactyly homolog (spdh) mutation in the mouse -- a defect in patterning and growth of limb cartilage elements.
    Mechanisms of development, 112 (1-2), 53-67.

5. Albrecht, A.N. et al., 2004.
    A molecular pathogenesis for transcription factor associated poly-alanine tract expansions.
    Human molecular genetics, 13(20), 2351-9.

6. Albrecht, A. & Mundlos, S., 2005
    The other trinucleotide repeat: polyalanine expansion disorders.
    Current Opinion in Genetics & Development, 15(3): 285-93

7. Allenby, G. et al., 1993.
    Retinoic acid receptors and retinoid X receptors: interactions with endogenous retinoic acids.
    Proceedings of the National Academy of Sciences of the USA, 90(1), 30-4.

8. Bairati, A., Comazzi, M. & Gioria, M., 1996.
    An ultrastructural study of the perichondrium in cartilages of the chick embryo.
    Anatomy and Embryology, 194(2), 155-67.

9. Bandyopadhyay, A. et al., 2008.
    Identification of unique molecular subdomains in the perichondrium and periosteum and their role in regulating gene expression in the underlying chondrocytes.
    Developmental Biology, 321(1), 162-74.

10. Bateson W., 1894
    Materials for the study of variation treated with especial regard to discontinuity in the origin of species.
    Macmillan, London & New York

11. Boulet, A.M. & Capecchi, M.R., 2004.
    Multiple roles of Hoxa11 and Hoxd11 in the formation of the mammalian forelimb zeugopod.
    Development (Cambridge, England), 131(2), 299-309.

Literaturverzeichnis

12. Boulet, A.M. et al., 2004.
    The roles of Fgf4 and Fgf8 in limb bud initiation and outgrowth.
    Developmental Biology, 273(2), 361-72.

13. Boyd, A.W. & Lackmann, M., 2001.
    Signals from Eph and ephrin proteins: a developmental tool kit.
    Science's STKE: Signal Transduction Knowledge Environment, 2001(112), RE20.

14. Bruneau, S. et al., 2001.
    The mouse Hoxd13(spdh) mutation, a polyalanine expansion similar to human type II synpolydactyly (SPD), disrupts the function but not the expression of other Hoxd genes. *Developmental biology*, 237(2), 345-53.

15. Capdevila, J. & Izpisúa Belmonte, J.C., 2001.
    Patterning mechanisms controlling vertebrate limb development.
    Annual Review of Cell and Developmental Biology, 17, 87-132.

16. Chan, D.C., Laufer, E., Tabin, C., & Leder, P., 1995.
    Polydactylous limbs in Strong's Luxoid mice result from ectopic polarizing activity. *Development,* 121, 1971-1978.

17. Cobb, J. & Duboule, D., 2005.
    Comparative analysis of genes downstream of the Hoxd cluster in developing digits and external genitalia.
    Development, 132(13), 3055-3067.

18. Compagni, A. et al., 2003.
    Control of Skeletal Patterning by EphrinB1-EphB Interactions.
    Developmental Cell, 5(2), 217-230.

19. Davis, A.P. et al., 1995.
    Absence of radius and ulna in mice lacking hoxa-11 and hoxd-11.
    Nature, 375(6534), 791-5.

20. Davis, A.P. & Capecchi, M.R., 1996.
    A mutational analysis of the 5' HoxD genes: dissection of genetic interactions during limb development in the mouse.
    Development (Cambridge, England), 122(4), 1175-85.

21. DeLise, A.M., Stringa, E., Woodward, W.A., Mello, M.A., Tuan, R.S., 2000
    Embryonic limb mesenchyme micromass culture as an in vitro model for chondrogenesis and cartilage maturation
    Methods Mol Biol.; 137:359-75.

22. Desbiens, X., Meunier, L. & Lassalle, B., 1990.
    Specific effects of retinoic acid on the skeletal morphogenesis of the 11-day mouse embryo forelimb bud in vitro.
    Biology of the Cell / Under the Auspices of the European Cell Biology Organization, 68(3), 213-20.

23. Dollé, P. et al., 1993.
Disruption of the Hoxd-13 gene induces localized heterochrony leading to mice with neotenic limbs.
Cell, 75(3), 431-41.

24. Duboule, D. & Dollé, P., 1989.
The structural and functional organization of the murine HOX gene family resembles that of Drosophila homeotic genes.
The EMBO Journal, 8(5), 1497-505.

25. Dudley, A.T., Ros, M.A. & Tabin, C.J., 2002.
A re-examination of proximodistal patterning during vertebrate limb development.
Nature, 418(6897), 539-44.

26. Freeman, M., 2000.
Feedback control of intercellular signalling in development.
Nature, 408(6810), 313-9.

27. Fromental-Ramain, C., Warot, X., Lakkaraju, S. et al., 1996a.
Specific and redundant functions of the paralogous Hoxa-9 and Hoxd-9 genes in forelimb and axial skeleton patterning.
Development (Cambridge, England), 122(2), 461-72.

28. Fromental-Ramain, C., Warot, X., Messadecq, N. et al., 1996b.
Hoxa-13 and Hoxd-13 play a crucial role in the patterning of the limb autopod.
Development (Cambridge, England), 122(10), 2997-3011.

29. Gilbert, S.F. 1994.
Developmental biology. 4th Ed.
Sinauer Assoc. USA.

30. Gilbert, S.F. 2006.
Developmental biology. 8th Ed.
Sinauer Assoc. USA.

31. Goodman, F.R. et al., 1997.
Synpolydactyly phenotypes correlate with size of expansions in HOXD13 polyalanine tract.
Proceedings of the National Academy of Sciences of the USA, 94(14), 7458-63.

32. Hartl, F.U. & Hayer-Hartl, M., 2002.
Molecular chaperones in the cytosol: from nascent chain to folded protein.
Science (New York, N.Y.), 295(5561), 1852-8.

33. Helms, J., Thaller, C. & Eichele, G., 1994.
Relationship between retinoic acid and sonic hedgehog, two polarizing signals in the chick wing bud.
Development (Cambridge, England), 120(11), 3267-74.

Literaturverzeichnis

34. Hill, R.E., 2007
    How to make a zone of polarizing activity: insights into limb development via the abnormality preaxial polydactyly.
    Developemt: Growth & Differentiation, 49, 439–448

35. Himanen, J. & Nikolov, D.B., 2003.
    Eph receptors and ephrins.
    The International Journal of Biochemistry & Cell Biology, 35(2), 130-4.

36. van der Hoeven, F., Zákány, J. & Duboule, D., 1996.
    Gene transpositions in the HoxD complex reveal a hierarchy of regulatory controls.
    Cell, 85(7), 1025-35.

37. Hoffman, L.M. et al., 2006.
    BMP action in skeletogenesis involves attenuation of retinoid signaling.
    The Journal of cell biology, 174(1), 101-13.

38. Holder, N. & Klein, R., 1999.
    Eph receptors and ephrins: effectors of morphogenesis.
    Development (Cambridge, England), 126(10), 2033-44.

39. Hurle, J.M., & Gañan, Y., 1987.
    Formation of extra-digits induced by surgical removal of the apical ectodermal ridge of the chick embryo leg bud in the stages previous to the onset of interdigital cell death.
    Anazomic. Embryologyl. (Berlin), 176, 393-399

40. Johnson, K.R. et al., 1998.
    A new spontaneous mouse mutation of Hoxd13 with a polyalanine expansion and phenotype similar to human synpolydactyly.
    Human molecular genetics, 7(6), 1033-8.

41. Johnson, R.L., Riddle, R.D. & Tabin, C.J., 1994.
    Mechanisms of limb patterning.
    Current Opinion in Genetics & Development, 4(4), 535-42.

42. Karsenty, G., 2003.
    The complexities of skeletal biology.
    Nature, 423(6937), 316-318.

43. Klopocki, E., et al., 2008.
    A microduplication of the long range SHH limb regulator (ZRS) is associated with triphalangeal thumb-polysyndactyly syndrome.
    Journal of Medical. Genetics, 45, 370-375.

44. Klose, J. & Kobalz, U., 1995.
    Two-dimensional electrophoresis of proteins: an updated protocol and implications for a functional analysis of the genome.
    Electrophoresis, 16(6), 1034-59.

45. Kmita, M. et al., 2000.
    Mechanisms of Hox gene colinearity: transposition of the anterior Hoxb1 gene into the posterior HoxD complex.
    Genes & Development, 14(2), 198-211.

46. Kmita, M. et al., 2002.
Serial deletions and duplications suggest a mechanism for the collinearity of Hoxd genes in limbs.
Nature, 420(6912), 145-50.

47. Kmita, M. et al., 2005.
Early developmental arrest of mammalian limbs lacking HoxA/HoxD gene function.
Nature, 435(7045), 1113-6.

48. Knezevic, V. et al., 1997.
Hoxd-12 differentially affects preaxial and postaxial chondrogenic branches in the limb and regulates Sonic hedgehog in a positive feedback loop.
Development (Cambridge, England), 124(22), 4523-36.

49. Kornak, U. & Mundlos, S., 2003.
Genetic disorders of the skeleton: a developmental approach.
American journal of human genetics, 73(3), 447-74.

50. Krumlauf, R., 1994.
Hox genes in vertebrate development.
Cell, 78(2), 191-201.

51. Kullander, K. & Klein, R., 2002.
Mechanisms and functions of Eph and ephrin signalling.
Nature Reviews. Molecular Cell Biology, 3(7), 475-86.

52. Kuroda, C. et al., 2008.
Distribution, gene expression, and functional role of EphA4 during ossification.
Biochemical and Biophysical Research Communications, 374(1), 22-27.

53. Laufer, E. et al., 1994.
Sonic hedgehog and Fgf-4 act through a signaling cascade and feedback loop to integrate growth and patterning of the developing limb bud.
Cell, 79(6), 993-1003.

54. Lee, T.I., Johnstone, S.E., & Young, R.A., 2006
Chromatin immunoprecipitation and microarray-based analysis of protein location.
Naure. Protocols, 1, 729–748.

55. Lettice, L.A., et al., 2002.
Disruption of a long-range cis-acting regulator for Shh causes preaxial polydactyly.
Proceedings of the National Academy of Sciences of the USA, 99, 7548-7553.

56. Lewandoski, M., Sun, X. & Martin, G.R., 2000.
Fgf8 signalling from the AER is essential for normal limb development.
Nature Genetics, 26(4), 460-3.

57. Logan M., Martin, J.F., Nagy A., Lobe C., Olson E. N. & Tabin C., 2002
Expression of Cre recombinase in the developing mouse limb bud driven by a Prxl enhancer
Genesis Vol. 33(2); 77-80

58. Lohnes, D. et al., 1994.
Function of the retinoic acid receptors (RARs) during development (I). Craniofacial and skeletal abnormalities in RAR double mutants.
Development (Cambridge, England), 120(10), 2723-48.

59. Lu, H.C. et al., 1997.
Retinoid signaling is required for the establishment of a ZPA and for the expression of Hoxb-8, a mediator of ZPA formation.
Development (Cambridge, England), 124(9), 1643-51.

60. Maas, S.A., & Fallon, J.F., 2005.
Single base pair change in the long-range Sonic hedgehog limb-specific enhancer is a genetic basis for preaxial polydactyly.
Developmental Dynamics, 232, 345-348.

61. Maden, M., 1982.
Vitamin A and pattern formation in the regenerating limb.
Nature, 295(5851), 672-675.

62. Masuya, H., Sagai, T., Wakana, S., Moriwaki, K. & Shiroishi, T. 1995
A duplicated zone of polarizing activity in polydactylous mouse mutants
Genes and Development, 9, 1645-1653

63. Marber, M.S. et al., 1995.
Overexpression of the rat inducible 70-kD heat stress protein in a transgenic mouse increases the resistance of the heart to ischemic injury.
The Journal of Clinical Investigation, 95(4), 1446-56.

64. Marlétaz, F. et al., 2006.
Retinoic acid signaling and the evolution of chordates.
International Journal of Biological Sciences, 2(2), 38-47.

65. Martin, G., 2001.
Making a vertebrate limb: new players enter from the wings.
BioEssays: News and Reviews in Molecular, Cellular and Developmental Biology, 23(10), 865-8.

66. Mercader, N. et al., 2000.
Opposing RA and FGF signals control proximodistal vertebrate limb development through regulation of Meis genes.
Development (Cambridge, England), 127(18), 3961-70.

67. Mic, F.A. & Duester, G., 2003.
Patterning of forelimb bud myogenic precursor cells requires retinoic acid signaling initiated by Raldh2.
Developmental biology, 264(1), 191-201.

68. Mic, F.A., Sirbu, I.O. & Duester, G., 2004.
Retinoic acid synthesis controlled by Raldh2 is required early for limb bud initiation and then later as a proximodistal signal during apical ectodermal ridge formation.
The Journal of biological chemistry, 279(25), 26698-706.

69. Mundlos, S. & Olsen B.R., 1997
Heritable diseases of the skeleton. Part I: Molecular insights into skeletal development-transcription factors and signaling pathways
The FASEB Journal, Vol11, 125-132.

70. Mundy, G.R. & Elefteriou, F., 2006.
Boning up on Ephrin Signaling.
Cell, 126(3), 441-443.

71. Muragaki, Y. et al., 1996.
Altered growth and branching patterns in synpolydactyly caused by mutations in HOXD13.
Science (New York, N.Y.), 272(5261), 548-51.

72. Niederreither, K. et al., 2002.
Embryonic retinoic acid synthesis is required for forelimb growth and anteroposterior patterning in the mouse.
Development (Cambridge, England), 129(15), 3563-74.

73. Niswander, L. & Martin, G.R., 1993.
FGF-4 and BMP-2 have opposite effects on limb growth.
Nature, 361(6407), 68-71.

74. Niswander, L. et al., 1994a.
A positive feedback loop coordinates growth and patterning in the vertebrate limb.
Nature, 371(6498), 609-12.

75. Niswander, L. et al., 1994b.
Function of FGF-4 in limb development.
Molecular Reproduction and Development, 39(1), 83-8; discussion 88-9.

76. Ohuchi, H. et al., 1997.
The mesenchymal factor, FGF10, initiates and maintains the outgrowth of the chick limb bud through interaction with FGF8, an apical ectodermal factor.
Development (Cambridge, England), 124(11), 2235-44.

77. Parr, B.A. & McMahon, A.P., 1995.
Dorsalizing signal Wnt-7a required for normal polarity of D-V and A-P axes of mouse limb.
Nature, 374(6520), 350-3.

78. Patel, K. et al., 1996.
Expression and regulation of Cek-8, a cell to cell signalling receptor in developing chick limb buds.
Development (Cambridge, England), 122(4), 1147-55.

79. Ramirez-Solis, R., Zheng, H., Whiting, J., Krumlauf, R. & Bradley, A., 1993.
Hoxb-4 (Hox-2.6) mutant mice show homeotic transformation of a cervical vertebra and defects in the closure of the sternal rudiments.
Cell 73, 279-94.

Literaturverzeichnis

80. Riddle, R.D. et al., 1993.
Sonic hedgehog mediates the polarizing activity of the ZPA.
Cell, 75(7), 1401-16.

81. Rowe, D.A. & Fallon, J.F., 1982.
The proximodistal determination of skeletal parts in the developing chick leg.
Journal of Embryology and Experimental Morphology, 68, 1-7.

82. Salsi, V. & Zappavigna, V., 2006.
Hoxd13 and Hoxa13 directly control the expression of the EphA7 Ephrin tyrosine kinase receptor in developing limbs.
The Journal of Biological Chemistry, 281(4), 1992-9.

83. Sanger, F., Nicklen, S. & Coulson A.R., 1977
DNA sequencing with chain-terminating inhibitors
Biotechnology. 1992;24:104-8.

84. Scott-Savage, P. & Hall, B.K., 1980.
Differentiative ability of the tibial periosteum for the embryonic chick.
Acta Anatomica, 106(1), 129-40.

85. Seemann, P. et al., 2005
Activating and deactivating mutations in the receptor interaction site of GDF5 cause symphalangism or brachydactyly type A2.
The Journal of Clinical Investigation, 115(9):2373-81

86. Serpente, P. et al., 2005.
Direct crossregulation between retinoic acid receptor {beta} and Hox genes during hindbrain segmentation.
Development (Cambridge, England), 132(3), 503-13.

87. Simeone, A. et al., 1990.
Sequential activation of HOX2 homeobox genes by retinoic acid in human embryonal carcinoma cells.
Nature, 346(6286), 763-6.

88. Sittler, A. et al., 2001.
Geldanamycin activates a heat shock response and inhibits huntingtin aggregation in a cell culture model of Huntington's disease.
Human Molecular Genetics, 10(12), 1307-15.

89. Spitz, F., Gonzalez, F. & Duboule, D., 2003.
A global control region defines a chromosomal regulatory landscape containing the HoxD cluster.
Cell, 113(3), 405-17.

90. Stadler, H.S., Higgins, K.M. & Capecchi, M.R., 2001.
Loss of Eph-receptor expression correlates with loss of cell adhesion and chondrogenic capacity in Hoxa13 mutant limbs.
Development, 128(21), 4177-4188.

91. Stratford, T., Horton, C. & Maden, M., 1996.
Retinoic acid is required for the initiation of outgrowth in the chick limb bud.
Current Biology: CB, 6(9), 1124-33.

92. Summerbell, D., Lewis, J.H. & Wolpert, L., 1973.
Positional information in chick limb morphogenesis.
Nature, 244(5417), 492-6.

93. Sun, X., Mariani, F.V. & Martin, G.R., 2002.
Functions of FGF signalling from the apical ectodermal ridge in limb development.
Nature, 418(6897), 501-8.

94. Suzuki, M., Ueno, N. & Kuroiwa, A., 2003.
Hox proteins functionally cooperate with the GC box-binding protein system through distinct domains.
The Journal of Biological Chemistry, 278(32), 30148-56.

95. Tanaka, M., Tamura, K. & Ide, H., 1996.
Citral, an inhibitor of retinoic acid synthesis, modifies chick limb development.
Developmental biology, 175(2), 239-47.

96. Tarchini, B., Duboule, D. & Kmita, M., 2006.
Regulatory constraints in the evolution of the tetrapod limb anterior-posterior polarity.
Nature, 443(7114), 985-8.

97. de Thé, H. et al., 1990.
Identification of a retinoic acid responsive element in the retinoic acid receptor beta gene.
Nature, 343(6254), 177-80.

98. Tickle, C. et al., 1982.
Local application of retinoic acid to the limb bond mimics the action of the polarizing region.
Nature, 296(5857), 564-566.

99. Tickle, C., 2006
Making digit patterns in the vertebrate limb.
Nature Reviews: Molecular Cell Biology, 7, 45–53.

100. Twigg, S.R.F. et al., 2004.
Mutations of ephrin-B1 (EFNB1), a marker of tissue boundary formation, cause craniofrontonasal syndrome.
Proceedings of the National Academy of Sciences of the USA, 101(23), 8652-8657.

101. Voss, A.K., Thomas, T. & Gruss, P., 2000.
Mice lacking HSP90beta fail to develop a placental labyrinth.
Development (Cambridge, England), 127(1), 1-11.

102. Wahba, G.M., Hostikka, S.L. & Carpenter, E.M., 2001.
The paralogous Hox genes Hoxa10 and Hoxd10 interact to pattern the mouse hindlimb peripheral nervous system and skeleton.
Developmental Biology, 231(1), 87-102.

Literaturverzeichnis

103. Wang, T., Zhang, H. & Parent, J.M., 2005.
Retinoic acid regulates postnatal neurogenesis in the murine subventricular zone-olfactory bulb pathway.
Development (Cambridge, England), 132(12), 2721-32.

104. Wedden, S.E., Lewin-Smith, M.R. & Tickle, C., 1987.
The effects of retinoids on cartilage differentiation in micromass cultures of chick facial primordia and the relationship to a specific facial defect.
Developmental Biology, 122(1), 78-89.

105. Wellik, D.M., 2007.
Hox patterning of the vertebrate axial skeleton.
Developmental Dynamics: An Official Publication of the American Association of Anatomists, 236(9), 2454-63.

106. Wellik, D.M. & Capecchi, M.R., 2003.
Hox10 and Hox11 genes are required to globally pattern the mammalian skeleton.
Science (New York, N.Y.), 301(5631), 363-7.

107. Weston, A.D. et al., 2000.
Regulation of skeletal progenitor differentiation by the BMP and retinoid signaling pathways.
The Journal of cell biology, 148(4), 679-90.

108. Weston, A.D. et al., 2002.
Requirement for RAR-mediated gene repression in skeletal progenitor differentiation.
The Journal of cell biology, 158(1), 39-51.

109. Wolpert, L. 1999
Entwicklungsbiologie
Spektrum Verlag

110. Wolpert, L., 2002.
The progress zone model for specifying positional information.
The International Journal of Developmental Biology, 46(7), 869-70.

111. Yokouchi, Y. et al., 1995.
Misexpression of Hoxa-13 induces cartilage homeotic transformation and changes cell adhesiveness in chick limb buds.
Genes & Development, 9(20), 2509-22.

112. Yu, D., Ellis, H.M., Lee, E.C., Jenkins, N.A., Copeland, N.G. &Court DL. 2000
An efficient recombination system for chromosome engineering in Escherichia coli.
Proceedings of the National Academy of Sciences of the USA. 97(11):5978-83.

113. Zákány, J. & Duboule, D., 1996.
Synpolydactyly in mice with a targeted deficiency in the HoxD complex.
Nature, 384(6604), 69-71.

114. Zákány, J. et al., 1997.
Regulation of number and size of digits by posterior Hox genes: a dose-dependent mechanism with potential evolutionary implications.
Proceedings of the National Academy of Sciences of the USA, 94(25), 13695-700.

115. Zakany, J., Zacchetti, G. & Duboule, D., 2007.
Interactions between HOXD and Gli3 genes control the limb apical ectodermal ridge via Fgf10.
Developmental biology, 306(2), 883-93.

116. Zákány, J., Kmita, M. & Duboule, D., 2004.
A dual role for Hox genes in limb anterior-posterior asymmetry.
Science (New York, N.Y.), 304(5677), 1669-72.

117. Zhao, C. et al., 2006.
Bidirectional ephrinB2-EphB4 signaling controls bone homeostasis.
Cell Metabolism, 4(2), 111-21.

118. Zhao, D. et al., 1996.
Molecular identification of a major retinoic-acid-synthesizing enzyme, a retinaldehyde-specific dehydrogenase.
European journal of biochemistry / FEBS, 240(1), 15-22.

119. Zimmermann, B. & Tsambaos, D., 1985.
Evaluation of the sensitive step of inhibition of chondrogenesis by retinoids in limb mesenchymal cells in vitro.
Cell Differentiation, 17(2), 95-103.

Verzeichnisse

9. weitere Verzeichnisse

9.1 Abbildungsverzeichnis

Abbildung 1: Schematische Darstellung der Achsen und der frühen Extremitätenknospe............1
Abbildung 2: Schema zu den Organisationszentren..4
Abbildung 3: *all trans* Retinsäure...5
Abbildung 4: Signaltransduktion, vermittelt durch RA..7
Abbildung 5: Schematische Darstellung der endochondralen Ossifikation................................8
Abbildung 6: Darstellung der Hox-Cluster..10
Abbildung 7: Frühe Expression der Hox-Gene..11
Abbildung 8: Zuordnung der Hox-Gene zu Extremitätenelementen..12
Abbildung 9: Hoxd13-assoziierte Synpolydactylie (SPD)...16
Abbildung 10: Prinzip der homologen Rekombination..39
Abbildung 11: Vergleichende Skelettpräparationen...71
Abbildung 12: Morphologische Färbungen..72
Abbildung 13: µCT Aufnahmen von adulten *spdh* Vorderextremitäten...................................73
Abbildung 14: Skelettpräparationen von Verkreuzungen..75
Abbildung 15: Transgene PrxHoxd13 wt Embryonen..76
Abbildung 16: Verkreuzung verschiedener Hox-Mutanten..78
Abbildung 17: Graphische Darstellung der Chip Auswertung zum Stadium E13.5..................79
Abbildung 18: Messung von Raldh2 und Retinsäure direkt im Gewebe....................................81
Abbildung 19: *in situ* Hybridisierungen für verschiedene Gen des RA Signalweges..............82
Abbildung 20: *in silico* Promotoranalyse und Luciferaseversuche...83
Abbildung 21: Ergebnisse der Chromatin Immunopräzipitation..85
Abbildung 22: Übersicht der Analyse der Promotorbereiche...85
Abbildung 23: chMM-Kulturen unter Behandlung mit RA und Inhibitoren..............................87
Abbildung 24: *in situ* Hybridisierungen auf implantierten Hühnerextremitätenknospen........88
Abbildung 25: Intrauterine Zugabe von RA behebt die Polydactylie..90
Abbildung 26: Verteilung von *Sox9* mRNA und Sox9 Protein..92
Abbildung 27: 3D Modelle der sich entwickelnden Extremitäten...92
Abbildung 28: Aufbau von Ephrin-Liganden und -Rezeptoren..93
Abbildung 29: Expression der regulierten Ephrin-Liganden und -Rezeptoren..........................95
Abbildung 30: Skelettpräparationen verschiedener Entwicklungsstadien.................................97
Abbildung 31: van Kossa Färbung von postnatalen Entwicklungsstadien................................98

Abbildung 32: whole mount *in situ* Hybridisierung für *Bmp2* und *Bmp4*..............................99
Abbildung 33: Luciferaseversuche mit Bmp2 und Bmp4 Reportern................................100
Abbildung 34: *in situ* Hybridisierung auf Schnitten für verschiedenen BMPs....................101
Abbildung 35: Apoptose in den Fingerzwischenräumen...102
Abbildung 36: *in situ* Hybridisierung mit verschiedenen Differenzierungsmarkern.............103
Abbildung 37: Fehlendes Perichondrium in *spdh* Tieren..104
Abbildung 38: Studie zur Verknöcherung in Carpalen & sekundären Ossifikationszentren...105
Abbildung 39: *in situ* Hybridisierungen & Morphologie zur homeotischen Transformation..107
Abbildung 40: Kolokalisation von Hoxd13 und Hoxa13...108
Abbildung 41: Modell zur Entstehung der Hoxd13-assoziierten SPD................................121

9.2 Abkürzungen

AER	apikale ektodermale Randleiste
AK	Antikörper
ALP	Alkalische Phosphatase
BBR	Boehringers Blocking Reagent
BCIP	5-Bromo-4-Chlor-3-Indolylphosphat
bidest	zweifach destilliert
BMPs	bone morphogenic proteins
bp	Basenpaare
ChIP	Chromatin Immunoprezipitation
chMM	Chicken Micromass
CoA	CoenzymA
CoIP	Coimmunopräzipitation
d	Tag
DEPC	Diethylpyrocarbonat
DIG	Digoxygenin
DMEM	Dubledecco´s Modified Eagle Medium
DMPT	Dimethyl-p-toluidin
DMSO	Dimethylsulfoxid
DNA	Desoxyribonukleinsäure
dNTPS	Didesoxynukleosid-Triphosphate
E	Embryonalstadium
ECL	enhanced chemiluminescence
EDTA	Ethylendiamintetraessigsäure
EGFP	enhanced green fluorescent protein
ELCR	early limb control region
Eph	Ephrin Rezeptor
ER	Endoplasmatisches Reticulum
EtOH	Ethanol
FCS	Fötales Kälberserum
FGFs	fibroblast growth factors
g	Erdschwerebeschleunigung / Gramm
GCR	global control region
GOs	gene ontology
GPI	Glycosylphosphatidylinositol
HBSS	Hanks Buffered Saline Solution
HE	Hämatoxilin/Eosin
HH	Hamburger-Hamilton
HISS	Hitze inaktiviertes Schafserum
hS	homologe Sequenz
Hsps	Hitzeschockproteine
ISH	*in situ* Hybridisierung
kDA	Kilodalton
ko	knock-out
KOH	Kaliumhydroxid
LB	Luria Bertami
M	molar
MEA	2-Methoxyethylacetat
MetOH	Methanol
mind	mindestens

ml	Milliliter
mM	millimolar
MMA	Methyl-Methacrylat
ms	Millisekunden
µg	Mikrogramm
µl	Mikroliter
µm	Mikrometer
ng	Nanogramm
NGS	normal goat serum
nm	Nanometer
OD	optische Dichte
p	post / nach der Geburt
p.a.	pro analysis
PBS	Phosphate Buffered Saline
PCR	Polymerasekettenreaktion
PFA	Paraformaldehyd
pH	potentium hydrogenii
pmol	picomolar
PMSF	Phenylmethylsulfonylfluorid
POD	Peroxidase
qRT	quantitative Real-Time
RA	Retinsäure
Raldh	Retinsäurealdeyddehydrogenase
RAR/RXR	Retinsäurerezeptor
RARE	retinoic acid response element
RNA	Ribonucleinsäure
rpm	Runden pro Minute
RT	Reverse Transkriptase
RT	Raumtemperatur
RTK	Rezeptor-Tyrosinkinase
RZPD	Ressourcenzentrum für Genomforschung
SDS	Natriumdodecylsulfat
Shh	*sonic hedgehog*
SPD	Synpolydactylie
spdh	synpolydactyly homolog
SSC	Standart Saline Citrate
TEA	Triethanolamin
Tm	Schmelztemperatur
Tris	Tris-(hydroxymethyl-)aminoethan
TSS	Transformation and Storage Solution
UC	Ultraclear
üN	über Nacht
ÜNK	Übernachkultur
UTR	untranslatierte Region
UV	ultraviolett
V	Volt
Vac	Vakuum
WM-ISH	whole mount *in situ* Hybridisierung
WT	Wildtyp
ZPA	Zone polarisierender Aktivität

9.3 Glossar

Autopod	Hände / Füße
Axolotl	eine Schwanzlurchart
Carpalia	Handwurzelknochen
Chondroblasten	Knorpelvorläuferzellen
Chondrozyten	Knorpelzellen
Corticalis	Knochenrinde
Diaphyse	Knochenschaft
Epiphyse	Ende der Röhrenknochen
Fibula	Wadenbein
Humerus	Oberarm
Metacarpalia	Mittelhandknochen
Osteoblasten	aufbauende Knochenzellen
Osteoid	Knochengrundsubstanz
Osteoklasten	abbauende Knochenzellen
Osteozyten	ruhende Knochenzellen
Perichondrium	Knorpelhaut
Periosteum	Knochenhaut
Phalangen	Fingerglieder
Radius	Speiche
Stylopod	Oberarm / Oberschenkel
Tibia	Schienbein
Ulna	Elle
Zeugopod	Elle und Speiche / Wade und Schienbein

9.4 Publikationen

Kuss P, Viiavicencio-Lorini P, Witte F, Klose J, Albrecht AN, Seemann P, Hecht J & Mundlos S

Mutant Hoxd13 induces extra digits in a mouse model of synpolydactyly and by increasing retinic acid synthesis.
Journal of Clinical Investigation 2009, 119(1): 145-156

9.5 Kongressbeiträge

Vortrag:

Molecular Pathology and Ebryology of Hoxd13-related Limb Malformations
10th International Conference on Limb Development and Regeneration, Madrid.

Poster:

- 3rd International PhD Student Symposium Horizons in Molecular Biology 2006, Göttingen

- 9th International EMBL PhD Student Symposium "Patterns in Biology - Organisation of Life in
  Space and Time" 2007, Heidelberg

10. Anhang

10.1. 2D-Gelelektrophoresedaten

Tabelle 1 Proteomicsstudie Mundlos - Daten aus der 2-DE und der Massenspektrometrie

Spot	Variation[1]	SwissProt[2]	NCBInr[2]	pI	MW [kDa]	Peptide	Score	Proteinname [mus musculus]
1*	(↓)	P22935	33469075	5,70	15,7	6	295	cellular retinoic acid binding protein II
2	(↑)	Q9EQU5	13591862	4,22	33,3	2	97	SET translocation
3x	↓	Q9CZR8	18073366	6,62	35,3	1	56	Ts translation elongation factor, mitochondrial
4	↓	Q62148	6677665	5,83	54,7	3	187	aldehyde dehydrogenase family 1, subfamily A2
5	↓							*kein Ergebnis*
6	↓	P14733	293689	5,14	66,7	4	234	lamin B 1
7	∨							*kein Ergebnis*
8	↑	P01942	1162945	7,96	15,1	2	126	alpha-globin
9	↓							*kein Ergebnis*
10x	-	P70217	1617134	9,50	35,9	1	46	hoxd-13
11	-	P70217	1617134	9,50	35,9	3	178	hoxd-13
12	↓	P49312	6754220	9,27	34,2	6	442	heterogeneous nuclear ribonucleoprotein A1
13*	↑	P31938	6678794	6,24	43,4	3	171	mitogen activated protein kinase kinase 1
14x	↑	------	20072498	7,04	42,7	1	52	Integrin-linked kinase-associated serine/threonine phosphatase 2C
15	↓	P49718	6678830	8,70	82,3	2	143	minichromosome maintenance deficient 5, cell division cycle 46

* - bei diesen Spots kann ein Gemisch mit den Proteinen aus Tabelle 2 nicht ausgeschlossen werden
x - nicht ausreichend signifikant für Publikation
1) beschreibt den Zustand des Spot im SPAH im Vergleich zum Wildtyp (- - abwesend; ↑ - erhöht; ↓ - erniedrigt; < - aufgespalten in zwei Spots)
2) Accession number der jeweiligen Datenbank

Tabelle 2 zusätzlich enthaltene Proteine

in Spot	SwissProt	NCBInr	pI	MW [kDa]	Peptide	Score	Proteinname [mus musculus]
1x	Q05816	6754450	6,14	15,1	1	61	fatty acid binding protein 5, epidermal
13x		18044738	6,33	47,1	1	64	Selenocysteine lyase
13x	Q9DCL9	13385434	6,94	47	1	55	phosphoribosylaminoimidazole carboxylase

Auswertung E 13.5

jeder Kandidat nur einmal, Foldchanges gemittelt, GOs sortiert

Musterbildung

Hox-Gene	Hoxa5	I	1,2x
Hox-Gene	Hoxa9	I	1,1x
Hox-Gene	Hoxa11	I	1,3x
Hox-Gene	Hoxa13	I	1,4x
Hox-Gene	Hoxd8	I	1,4x
Hox-Gene	Hoxd9	I	1,4x
Hox-Gene	Hoxd10	I	1,3x
Hox-Gene	Hoxd11	I	1,6x

Signalwege

wnt	Axin1	I	1,4x
wnt	Axin2	I	1,2x
wnt	Bcl9	I	1,3x
wnt	Csnk1g1	D	0,5x
wnt	Csnk1a1	D	0,4x
wnt	Csnk1e	D	0,7x
wnt	Csnk2a1	D	0,3x
wnt	Csnk2b	I	1,2x
wnt	Cxxc4	I	1,3x
wnt	Dkk2	D	0,6x
wnt	Dkk3	I	1,4x
wnt	Daam1	D	0,65x
wnt	Dvl2	I	1,5x
wnt	Fbxw2	D	0,3x
wnt	Fzd1	I	1,3x
wnt	Fzd2	I	1,2x
wnt	Fzd4	D	0,75x
wnt	Fzd8	I	1,3x
wnt	Lrp1	I	1,3x
wnt	Nlk	D	0,6x
wnt	Pafah1b1	I	1,2x
wnt	Sfrp2	I	1,2x
wnt	Sostdc1	D	0,7x
wnt	Tle3	I	1,3x
wnt	Wnt5a	D	0,45x
wnt	Wisp1	I	1,3x
Ihh	Gli2	I	1,3x
Ihh	Hhip	D	0,5x
TGF	Dcp1a	D	0,9x
TGF	Ltbp3	I	1,5x
TGF	Ltbp4	I	1,4x
TGF	Jak1	D	0,3x
TGF	Smad3	D	0,65x
TGF	Tgfbr1	D	0,7x
TGF	Tgfb1	I	1,2x
TGF	Tgfb2	D	0,6x
TGF	Tgfbr2	D	0,4x
TGF	Tgfb3	I	1,3x
TGF	Tgif2	I	1,6x
TGF	Thbs1	I	1,2x
Bmp	Bmp1	I	1,4x
Bmp	Bmp2	D	0,7x
Bmp	Smad5	D	0,5x
Bmp	Twsg1	I	1,2x
Fgf	Bmper	I	1,2x
Fgf	Fgfr1	I	1,2x
Fgf	Fgfrl1	I	1,2x
Fgf	Fgf11	I	1,4x

Signalwege

notch	Aph1b	D	0,75x
notch	App	I	1,1x
notch	Dtx3	I	1,4x
notch	Mib1	D	0,6x
notch	Notch3	I	1,4x
notch	Notch4	I	1,3x
RA	Aldh1a2	D	0,8x
RA	Rarb	D	0,75x
RA	Rai14	D	0,6x
RA	Rai17	D	0,5x
RA	Nrip1	D	0,5x
RA	---	D	0,35x
Ephrine	Efna2	I	1,4x
Ephrine	Efna5	D	0,6x
Ephrine	Efnb2	I	1,3x
Ephrine	Epha3	D	0,5x
Ephrine	Epha4	D	0,5x
Ephrine	Ephb3	I	1,4x
Ephrine	Ephb4	I	1,4x
Ephrine	Tiam1	I	1,4x
Ephrine	Gpiap1	I	1,1x
Signaltransduktion	Acvrinp1	D	0,6x
Signaltransduktion	Ebi2	D	0,07x
Signaltransduktion	Ednra	D	0,6x
Signaltransduktion	Gnb2	I	1,2x
Signaltransduktion	Gnai2	D	0,7x
Signaltransduktion	Gna12	I	1,45x
Signaltransduktion	Gpr27	I	1,3x
Signaltransduktion	Gpsm1	I	1,2x
Signaltransduktion	Grb10	D	0,4x
Signaltransduktion	Il6st	D	0,6x
Signaltransduktion	Lepr	I	1,3x
Signaltransduktion	Lphn1	I	1,35x
Signaltransduktion	Lphn3	D	0,5x
Signaltransduktion	Ms4a4c	D	0,5x
Signaltransduktion	Pde2a	I	1,3x
Signaltransduktion	Pip5k3	D	0,1x
Signaltransduktion	Ppp2r5a	I	1,1x
Signaltransduktion	Ppp2r5e	D	0,7x
Signaltransduktion	Rtkn	I	1,3x
Signaltransduktion	Snx27	D	0,9x
Signaltransduktion	Wdr68	D	0,5x

Extremitätenentwicklung

Musterbildung	Acvr2b	I	1,3x
Musterbildung	Dlx5	I	1,5x
Musterbildung	Kif3a	D	0,6x
Musterbildung	Ldb1	I	1,3x
Musterbildung	Lhx2	D	0,8x
Musterbildung	Lmbr1	D	0,4x
Musterbildung	Lnp	D	0,2x
Musterbildung	Tbx2	I	1,2x
Musterbildung	Tbx5	D	0,6x
Mophogenese	Fbn2	D	0,8x
Mophogenese	Pparbp	D	0,7x
Mophogenese	Ski	I	1,2x
Knorpel	Agc1	I	1,5x
Knorpel	Ctgf	I	1,1x

Extremitätenentwicklung

Kategorie	Gen	I/D	Fold
Knorpel	Agc1	I	1,5x
Knorpel	Ctgf	I	1,1x
Knorpel	Pkd1	I	1,5x
Knorpel	Ror1	I	1,2x
Knorpel	Ror2	I	1,2x
Knorpel	Sox4	D	0,5x
Knorpel	Sox5	D	0,7x
Knorpel	Sox6	I	1,4x
Knorpel	Sox11	D	0,6x
Knorpel	Thra	I	1,5x
Knorpel	Otor	D	0,75x
Differenzierung	Keap1	D	0,6x
Differenzierung	Dab2	D	0,7x
Differenzierung	Dab2ip	D	0,5x
Differenzierung	Ndrg2	I	1,2x
Differenzierung	Cd276	I	1,2x
Ossifikation	Ambn	D	0,4x
Ossifikation	Fgf18	D	0,5x
Ossifikation	Foxc1	I	1,4x
Ossifikation	Lims1	D	0,3x
Ossifikation	Ncdn	I	1,4x
Ossifikation	Tfip11	I	1,2x
Muskelbildung	Aebp1	I	1,3x
Muskelbildung	Boc	I	1,3x
Muskelbildung	Cald1	D	0,6x
Muskelbildung	Cenpf	D	0,5x
Muskelbildung	Efhd2	I	1,1x
Muskelbildung	Eln	I	1,4x
Muskelbildung	Fnb	I	1,3x
Muskelbildung	Hdac7a	I	1,3x
Muskelbildung	Mbnl3	D	0,4x
Muskelbildung	Mef2c	D	0,6x
Muskelbildung	Pdlim3	D	0,6x
Muskelbildung	Ttn	D	0,4x
Muskelbildung	Utrn	D	0,5x
Muskelbildung	Tpm1	D	0,7x
Blutgefäßbildung	Amot	D	0,7x
Blutgefäßbildung	Amotl1	I	1,1x
Blutgefäßbildung	Angpt1	D	0,7x
Blutgefäßbildung	Chm	D	0,7x
Blutgefäßbildung	Gna13	D	0,65x
Blutgefäßbildung	Hif1an	I	1,2x
Blutgefäßbildung	Hif3a	I	1,3x
Blutgefäßbildung	Lama4	D	0,3x
Blutgefäßbildung	Nrp1	D	0,75x
Blutgefäßbildung	Nrp2	I	1,3x
Blutgefäßbildung	Ppap2b	D	0,8x
Blutgefäßbildung	Rapgef1	I	1,2x
Blutgefäßbildung	MGI:135472?	I	1,2x
Blutgefäßbildung	Narg1	D	0,6x
Blutgefäßbildung	Nte	D	0,5x
Blutgefäßbildung	Pofut1	I	1,3x
Blutgefäßbildung	Sema5a	D	0,8x
Blutgefäßbildung	Ubp1	I	1,2x
Kollagene	Col1a1	I	1,5x
Kollagene	Col2a1	I	1,4x
Kollagene	Col3a1	D	0,5x
Kollagene	Col5a1	I	1,5x
Kollagene	Col6a1	I	1,2x
Kollagene	Col6a2	I	1,2x
Kollagene	Col7a1	I	1,1x

Extremitätenentwicklung

Kategorie	Gen	I/D	Fold
Kollagene	Col8a2	I	2,1x
Kollagene	Col9a1	I	1,4x
Kollagene	Col9a2	I	1,7x
Kollagene	Col9a3	I	1,4x
Kollagene	Col11a2	I	1,5x
Kollagene	Col14a1	I	1,5x
Kollagene	Col16a1	I	1,2x
Kollagene	Col17a1	I	1,6x
Kollagene	Col23a1	D	0,5x
Kollagene	P4ha2	I	1,2x
Kollagene	Plod1	I	1,5x
Kollagene	Plod2	D	0,8x
Skelett	Gna11	I	1,2x
Skelett	Gnaq	D	0,6x
Skelett	Gnaq		
extrazelluläre Matrix	Adam17	I	1,2x
extrazelluläre Matrix	Adam23	D	0,5x
extrazelluläre Matrix	Adam33	I	1,1x
extrazelluläre Matrix	Adamts6	D	0,5x
extrazelluläre Matrix	Adamts7	I	1,3x
extrazelluläre Matrix	Adamts10	I	1,7x
extrazelluläre Matrix	Bgn	I	1,25x
extrazelluläre Matrix	Dcn	D	0,75x
extrazelluläre Matrix	Efemp2	I	1,1x
extrazelluläre Matrix	Emid2	I	1,4x
extrazelluläre Matrix	Emilin1	I	1,5x
extrazelluläre Matrix	Emilin3	I	1,4x
extrazelluläre Matrix	Fmod	I	1,3x
extrazelluläre Matrix	Gpc1	I	1,5x
extrazelluläre Matrix	Gpc2	I	1,4x
extrazelluläre Matrix	Gpc3	D	0,65x
extrazelluläre Matrix	Gpc6	D	0,4x
extrazelluläre Matrix	Mmp16	D	0,75x
extrazelluläre Matrix	Rhobtb3	D	0,5x
extrazelluläre Matrix	Slit2	D	0,6x
extrazelluläre Matrix	Smoc2	I	1,2x
extrazelluläre Matrix	Sparc	D	0,8x
extrazelluläre Matrix	Timp2	D	0,75x
extrazelluläre Matrix	Timp3	D	0,7x

Proteinfaltung

Kategorie	Gen	I/D	Fold
Hsp	Hspca	D	0,8x
Hsp	Hspcb	D	0,65x
Hsp	Hspb1	I	1,2x
Hsp	Hspa9a	D	0,6x
Hsp	Hsp110	I	1,3x
Hsp	Hspb8	I	1,5x
Hsp	Dnajc1	D	0,7x
Hsp	Dnajc2	D	0,6x
Hsp	Dnajc3	D	0,8x
Hsp	Dnajc5	D	0,6x
Hsp	Dnajc14	D	1,2x
Hsp	Hspa5bp1	I	1,3x
Hsp	Hspca /// LO(	D	0,6x
Hsp	Hsf2	D	0,6x
Proteinfaltung	Bag3	I	1,2x
Proteinfaltung	Cct4	D	0,5x
Proteinfaltung	Fkbp10	I	1,2x
Proteinfaltung	Nktr	D	0,5x
Proteinfaltung	Ppig	D	0,3x
Proteinfaltung	Ranbp2	D	0,4x

Proteinfaltung

Proteinfaltung	Sgta	I	1,2x
Proteinfaltung	Stch	D	0,65x
Proteinfaltung	1110064P04	D	0,6x
Proteinfaltung	4930461P20	D	0,7x
Proteinfaltung	AK129375	I	1,3x

Transkription

Transkription	Atbf1	D	0,7x
Transkription	Atf2	D	0,5x
Transkription	Bach2	D	0,5x
Transkription	Bnc2	D	0,5x
Transkription	Cbfa2t1h	D	0,7x
Transkription	Cnbp1	D	0,4x
Transkription	Cnot4	D	0,4x
Transkription	Deaf1	I	1,3x
Transkription	Dach1	D	0,6x
Transkription	Dzip1	I	1,2x
Transkription	Ebf1	D	0,5x
Transkription	Ebf3	D	0,6x
Transkription	Edf1	I	1,2x
Transkription	Ercc6	D	0,5x
Transkription	Erf	I	1,5x
Transkription	Ewsr1	I	1,2x
Transkription	Eya4	D	0,5x
Transkription	Fliih	I	1,2x
Transkription	Foxp1	D	0,7x
Transkription	Foxp4	I	1,6x
Transkription	Foxm1	I	1,2x
Transkription	Foxk2	I	1,2x
Transkription	Fubp1	D	0,4x
Transkription	Gmeb1	D	0,7x
Transkription	Gtf2i	I	1,1x
Transkription	Gtf3c5	I	1,2x
Transkription	Hic2	I	1,6x
Transkription	Hmga1	I	1,2x
Transkription	Hnrpab	D	0,6x
Transkription	Ilf3	D	0,6x
Transkription	Irf3	D	0,9x
Transkription	Khdrbs1	D	0,75x
Transkription	Klf3	D	0,5x
Transkription	Klf6	D	0,25x
Transkription	Klf7	D	0,6x
Transkription	Klf9	D	0,7x
Transkription	Klf12	D	0,65x
Transkription	Klf13	D	0,65x
Transkription	Pdlim4	I	1,3x
Transkription	Ldb2	I	1,4x
Transkription	Lmo2	I	1,2x
Transkription	Lmo4	D	0,6x
Transkription	Mect1	I	1,3x
Transkription	Mef2a	D	0,35x
Transkription	Meox2	D	0,75x
Transkription	MGI:267529(	I	1,2x
Transkription	Mkl1	I	1,3x
Transkription	Mta2	I	1,3x
Transkription	Mxd4	I	1,3x
Transkription	Mycbp	D	0,75x
Transkription	Nfat5	D	0,6x
Transkription	Ncor1	D	0,6x
Transkription	Ncor2	I	1,55x
Transkription	Ncoa3	D	0,5x

Transkription

Transkription	Ncoa5	I	1,3x
Transkription	Ncoa6ip	D	0,4x
Transkription	Nr2c1	D	0,6x
Transkription	Nr2c2	D	0,4x
Transkription	Nr2f2	D	0,7x
Transkription	Nr3c1	D	0,05x
Transkription	Nfya	I	1,3x
Transkription	Pax9	I	1,4x
Transkription	Pbx1	D	0,65x
Transkription	Pbx2	I	1,2x
Transkription	Pcqap	D	0,9x
Transkription	Phb2	D	0,7x
Transkription	Phr1	D	0,75x
Transkription	Phtf1	D	0,5x
Transkription	Pias3	I	1,4x
Transkription	Pml	I	1,3x
Transkription	Polr2a	D	0,65x
Transkription	Polr3k	D	0,6x
Transkription	Ppp1r10 /// L	I	1,4x
Transkription	Prdm16	I	1,5x
Transkription	Pura	D	0,75x
Transkription	Ptrf	I	1,4x
Transkription	Rfx3	D	0,6x
Transkription	Sall2	I	1,4x
Transkription	Scmh1	D	0,7x
Transkription	Sin3b	I	1,2x
Transkription	Six5	I	1,3x
Transkription	Snapc3	D	0,5x
Transkription	Ssbp2	I	1,4x
Transkription	Stat2	I	1,3x
Transkription	Suz12	D	0,5x
Transkription	Sp1	D	0,5x
Transkription	Sp2	I	1,6x
Transkription	Spen	I	1,4x
Transkription	Ssbp3	D	0,8x
Transkription	Tbl1xr1	D	0,6x
Transkription	Tbx15	I	1,5x
Transkription	Tead2	I	1,1x
Transkription	Tcea2	I	1,2x
Transkription	Tcf3	I	1,3x
Transkription	Tcf4	D	0,6x
Transkription	Tcf12	D	0,3x
Transkription	Tcfe2a	I	1,6x
Transkription	Tcf7l2	D	0,5x
Transkription	Tcfap2b	D	0,4x
Transkription	Tox	D	0,5x
Transkription	Trps1	D	0,5x
Transkription	Tsc22d1	D	0,5x
Transkription	Twistnb	D	0,6x
Transkription	Ubtf	D	0,9x
Transkription	Usf1	I	1,3x
Transkription	Usf2	D	0,9x
Transkription	Vgll4	D	0,5x
Transkription	Wbp7	I	1,2x
Transkription	Wwtr1	D	0,7x
Zinkfingerproteine	Zfp36l1	I	1,5x
Zinkfingerproteine	Zfp36l2	I	1,1x
Zinkfingerproteine	Zfp52	D	0,75x
Zinkfingerproteine	Zfp53	D	0,65x
Zinkfingerproteine	Zfp64	I	1,6x
Zinkfingerproteine	Zfp91	D	0,6x

Transkription

Category	Gene	D/I	Value
Zinkfingerproteine	Cntf /// Zfp91	D	0,6x
Zinkfingerproteine	Zfp97 /// BCC	D	0,7x
Zinkfingerproteine	Zfp101	D	0,5x
Zinkfingerproteine	Zfp142	I	1,4x
Zinkfingerproteine	Zfp146	D	0,8x
Zinkfingerproteine	Zfp148	D	0,4x
Zinkfingerproteine	Zfp162	I	1,3x
Zinkfingerproteine	Zfp207	D	0,6x
Zinkfingerproteine	Zfp261	I	1,3x
Zinkfingerproteine	Zfp276	I	1,3x
Zinkfingerproteine	Zfp287	D	0,7x
Zinkfingerproteine	Zfp291	D	0,3x
Zinkfingerproteine	Zfp292	D	0,2x
Zinkfingerproteine	Zfp294	D	0,7x
Zinkfingerproteine	Zfp297	I	1,2x
Zinkfingerproteine	Zfp306	D	0,5x
Zinkfingerproteine	Zfp322a	D	0,65x
Zinkfingerproteine	Zfp329	D	0,8x
Zinkfingerproteine	Zfp354c	D	0,65x
Zinkfingerproteine	Zfp385	I	1,4x
Zinkfingerproteine	Zfp395	D	0,6x
Zinkfingerproteine	Zfp397	D	0,3x
Zinkfingerproteine	Zfp398	D	0,8x
Zinkfingerproteine	MGI:3028594	D	0,7x
Zinkfingerproteine	Zfp445	D	0,7x
Zinkfingerproteine	Zfp467	I	1,3x
Zinkfingerproteine	Zfp469	D	0,6x
Zinkfingerproteine	Zfp521	D	0,2x
Zinkfingerproteine	Zfp536	D	0,65x
Zinkfingerproteine	Zfp579	I	1,5x
Zinkfingerproteine	Zfp580	I	1,2x
Zinkfingerproteine	Zfp612	D	0,6x
Zinkfingerproteine	Zfp644	D	0,5x
Zinkfingerproteine	Zfp687	I	1,3x
Zinkfingerproteine	Zfhx1a	D	0,5x
Zinkfingerproteine	Zfhx1b	D	0,6x
Zinkfingerproteine	Zcchc3	I	1,2x
Zinkfingerproteine	Zcchc5	I	1,4x
Zinkfingerproteine	Zcchc6	D	0,6x
Zinkfingerproteine	Zcchc7	D	0,5x
Zinkfingerproteine	Zcchc11	D	0,6x
Zinkfingerproteine	Zc3h5	I	1,3x
Zinkfingerproteine	Zc3h11a	D	0,4x
Zinkfingerproteine	Zbtb4	D	0,75x
Zinkfingerproteine	Zbtb12	D	0,7x
Zinkfingerproteine	Zbtb20	D	0,5x
Zinkfingerproteine	Zdhhc3	I	1,1x
Zinkfingerproteine	Zdhhc5	I	1,5x
Zinkfingerproteine	Zdhhc9	D	0,6x
Zinkfingerproteine	Zdhhc20	D	0,5x
Zinkfingerproteine	Zdhhc21	D	0,5x
Zinkfingerproteine	Zfx	D	0,5x
Zinkfingerproteine	Zipro1	D	0,6x
Zinkfingerproteine	Zzef1	D	0,75x
Zinkfingerproteine	Zkscan1	D	0,5x
Zinkfingerproteine	Znhit1	I	1,2x
Zinkfingerproteine	Za20d2	D	0,65x
Zinkfingerproteine	Baz1a	D	0,4x
Zinkfingerproteine	Bcl11a	D	0,7x
Zinkfingerproteine	Glis2	I	1,3x
Zinkfingerproteine	Gatad2a	I	1,1x
Zinkfingerproteine	Gatad2b	D	0,5x
Zinkfingerproteine	Maz	I	1,3x
Zinkfingerproteine	Wiz	D	0,8x
Regulation	Aebp2	D	0,5x
Regulation	Ahctf1	D	0,6x
Regulation	Ankrd11	D	0,7x
Regulation	Ankrd12	D	0,5x
Regulation	Ankrd13a	I	1,2x
Regulation	Ankrd15	I	1,2x
Regulation	Ankrd27	I	1,2x
Regulation	Ankrd49	D	0,7x
Regulation	Anks1	D	0,5x
Regulation	Asb4	I	1,4x
Regulation	Ankfy1	D	0,25x
Regulation	Ankhd1	D	0,6x
Regulation	Krit1	D	0,4x
Regulation	Ash1l	D	0,5x
Regulation	Bbx	D	0,3x
Regulation	Bcas3	D	0,15x
Regulation	Bclaf1	D	0,75x
Regulation	Bhc80	D	0,9x
Regulation	Braf	D	0,6x
Regulation	Centg3	I	1,3x
Regulation	Ches1	I	1,2x
Regulation	Cic	I	1,6x
Regulation	Clasp1	D	0,5x
Regulation	Crebbp	D	0,25x
Regulation	Cri1	D	0,65x
Regulation	Creb3l2	I	1,2x
Regulation	Creb5	D	0,5x
Regulation	Cnot3	I	1,3x
Regulation	Cpsf6	D	0,7x
Regulation	Cutl1	D	0,75x
Regulation	Ddef1	D	0,9x
Regulation	Falz	D	0,5x
Regulation	Fosl2	I	1,5x
Regulation	Garnl1	D	0,6x
Regulation	Golga4	D	0,5x
Regulation	Hbxap	D	0,5x
Regulation	Invs	D	0,5x
Regulation	Irf2bp1	I	1,4x
Regulation	Irf2bp2	I	1,2x
Regulation	Ifnar2	I	1,2x
Regulation	Irx5	D	0,65x
Regulation	Jarid1a	D	0,3x
Regulation	Jarid1b	D	0,4x
Regulation	Jarid1c	D	0,5x
Regulation	Jarid1d	I	2x
Regulation	Jarid2	I	1,3x
Regulation	Arid1a	I	1,3x
Regulation	Arid1b	D	0,65x
Regulation	Arid4a	D	0,35x
Regulation	Arid4b	D	0,5x
Regulation	Arid5b	D	0,3x
Regulation	Jmjd1b	I	1,4x
Regulation	Jmjd1c	D	0,75x
Regulation	Jmjd2b	I	1,3x
Regulation	Jmjd2c	D	0,1x
Regulation	L3mbtl3	D	0,8x
Regulation	Magel2	I	1,2x
Regulation	Mbtd1	D	0,6x

Transkription

Regulation	Mds1	D	0,6x
Regulation	Mllt1	I	1,3x
Regulation	Mll5	D	0,6x
Regulation	Mllt10	D	0,4x
Regulation	Mrg1	D	0,6x
Regulation	Mta1	I	1,3x
Regulation	Mtdh	D	0,4x
Regulation	Mtf2	D	0,65x
Regulation	Mysm1	D	0,4x
Regulation	Nedd8	D	0,5x
Regulation	Nfatc4	I	1,3x
Regulation	Nfe2l1	I	1,3x
Regulation	Nkd2	I	1,3x
Regulation	Pcgf6	D	0,65x
Regulation	Pdcd11	I	1,2x
Regulation	Phf12	I	1,4x
Regulation	Phf14	D	0,7x
Regulation	Phf15	I	1,4x
Regulation	Phf20l1	D	0,5x
Regulation	Pknox1	D	0,7x
Regulation	Pknox2	I	1,4x
Regulation	Plagl1	D	0,3x
Regulation	Ppp1r12c	I	1,5x
Regulation	Prrx1	D	0,65x
Regulation	Purb	D	0,6x
Regulation	Rcor1	D	0,7x
Regulation	Rcor3	D	0,6x
Regulation	Rest	D	0,3x
Regulation	Sdccag33	I	1,3x
Regulation	Tbl1x	D	0,5x
Regulation	Tmpo	D	0,3x
Regulation	Tigd5	I	1,6x
Regulation	Tpbg	I	1,2x
Regulation	Tsc22d3	I	1,1x
Regulation	Ttc19	D	0,65x
Regulation	Wasl	D	0,5x
Regulation	Whsc1l1	D	0,7x
Regulation	Ybx2	I	1,3x
Regulation	Hpcal1 /// 24	I	1,5x
Regulation	MGI:192747	I	1,2x
Regulation	MGI:215308	I	1,2x
Regulation	MGI:193209	I	1,3x
Regulation	C130067A03	D	0,7x
Regulation	---	I	1,4x

DNA & Chromatin

Chromatin	Cbx3	D	0,5x
Chromatin	Cdyl	I	1,2x
Chromatin	Chd2	D	0,25x
Chromatin	Chd3	I	1,5x
Chromatin	Chd4	D	0,3x
Chromatin	Chd9	D	0,6x
Chromatin	Ep400	D	0,6x
Chromatin	H2afy	D	0,8x
Chromatin	Hdac2	D	0,5x
Chromatin	Hdac4	I	1,3x
Chromatin	Hmg20a	D	0,5x
Chromatin	Hmga2	D	0,7x
Chromatin	Hmgb2l1	D	0,4x
Chromatin	Rere	D	0,6x
Chromatin	Sirt2	I	1,2x
Chromatin	Sirt7	I	1,2x
Chromatin	Smarca4	D	0,3x
Chromatin	Smarcc2	I	1,4x
Chromatin	Smc6l1	D	0,3x
Methylierung	Dnmt1	I	1,1x
Methylierung	Dnmt3a	D	0,9x
Methylierung	Dnmt3b	D	0,35x
Methylierung	Ehmt2	I	1,3x
Methylierung	Kcnq1	D	0,5x
Methylierung	Kcnq1ot1	I	1,3x
Methylierung	Smarcc1	D	0,5x
Replikation	Nfia	D	0,5x
Replikation	Orc4l	D	0,6x
Replikation	Rad51l3	D	0,75x
Replikation	Rbms1	D	0,5x
Replikation	Recc1	D	0,3x
Replikation	Top1	D	0,75x
Replikation	Xab2	D	1,3x
DNA Reparatur	Add1	I	1,3x
DNA Reparatur	Atrx	D	0,3x
DNA Reparatur	Ercc4	D	0,65x
DNA Reparatur	Parp1	I	1,3x
DNA Reparatur	Pms2	D	0,8x
DNA Reparatur	Rad23b	I	1,2x
DNA Reparatur	Ruvbl2	I	1,2x

Cytoskelett

Cytoskelett	Ablim1	D	0,5x
Cytoskelett	Actb	D	0,8x
Cytoskelett	Actr1a	D	0,5x
Cytoskelett	Akap2	D	0,5x
Cytoskelett	Arhgef17	I	1,4x
Cytoskelett	Arpc2	D	0,8x
Cytoskelett	Arpc3	D	0,7x
Cytoskelett	Cap1	I	1,3x
Cytoskelett	Cdc42ep4	I	1,3x
Cytoskelett	Cenpe	D	0,2x
Cytoskelett	Centd3	I	1,6x
Cytoskelett	Ckap4	I	1,1x
Cytoskelett	Ckap5	D	0,7x
Cytoskelett	Coro1c	I	1,3x
Cytoskelett	Dbn1	I	1,3x
Cytoskelett	Dctn1	I	1,4x
Cytoskelett	Diap3	D	0,5x
Cytoskelett	Epb4.1	D	0,8x
Cytoskelett	Epb4.1l2	D	0,7x
Cytoskelett	Epb4.1l3	D	0,9x
Cytoskelett	Epb4.1l4a	I	1,3x
Cytoskelett	Ehd2	D	0,65x
Cytoskelett	Enah	D	0,8x
Cytoskelett	Farp1	I	1,2x
Cytoskelett	4930488L10I	D	0,6x
Cytoskelett	Fhod1	I	1,6x
Cytoskelett	Flnc	I	1,7x
Cytoskelett	Fmnl2	D	0,5x
Cytoskelett	Fscn1	I	1,1x
Cytoskelett	Krt1-14	I	1,2x
Cytoskelett	Krt2-1	I	1,4x
Cytoskelett	Krt2-5	I	1,2x
Cytoskelett	Lmna	I	1,2x
Cytoskelett	Lor	D	0,75x

Cytoskelett					Cytoskelett			
Cytoskelett	Madcam1	I	1,4x		extrazellulärer Raum	Ctsz	I	1,2x
Cytoskelett	Mtss1	D	0,6x		extrazellulärer Raum	Dhcr24	D	0,8x
Cytoskelett	Myo1b	D	0,5x		extrazellulärer Raum	Fbln1	I	1,4x
Cytoskelett	4732465J09I	D	0,6x		extrazellulärer Raum	Fbs1	I	1,6x
Cytoskelett	Myh10	D	0,6x		extrazellulärer Raum	Fn1	D	0,6x
Cytoskelett	Myo10	I	1,2x		extrazellulärer Raum	Furin	I	1,3x
Cytoskelett	Nck2	I	1,5x		extrazellulärer Raum	Hs6st1	I	1,3x
Cytoskelett	Nef3	I	1,3x		extrazellulärer Raum	Il13ra1	D	0,5x
Cytoskelett	Nisch	D	0,4x		extrazellulärer Raum	Lime1	I	1,2x
Cytoskelett	Palm	I	1,2x		extrazellulärer Raum	Lrig1	D	0,6x
Cytoskelett	Plec1	I	1,2x		extrazellulärer Raum	Mfap1	D	0,8x
Cytoskelett	Pphln1	D	0,7x		extrazellulärer Raum	Npepps	D	0,5x
Cytoskelett	Pxn	I	1,3x		extrazellulärer Raum	Plxna1	I	1,4x
Cytoskelett	Rdx	D	0,3x		extrazellulärer Raum	Plxna3	I	1,3x
Cytoskelett	Robo1	D	0,65x		extrazellulärer Raum	Plxnb2	I	1,3x
Cytoskelett	Rsn	D	0,4x		extrazellulärer Raum	Ptpns1	I	1,2x
Cytoskelett	Sdc1	I	1,1x		extrazellulärer Raum	Sema3a	D	0,3x
Cytoskelett	Sdc2	D	0,8x		extrazellulärer Raum	Sema3d	D	0,7x
Cytoskelett	Sdc3	I	1,2x		extrazellulärer Raum	Sema3f	I	1,3x
Cytoskelett	Spnb2	D	0,6x		extrazellulärer Raum	Sema4g	I	1,5x
Cytoskelett	Tns1	I	1,4x		extrazellulärer Raum	Slit3	I	1,9x
Cytoskelett	Top2b	D	0,3x		extrazellulärer Raum	Sorcs2	I	1,2x
Cytoskelett	Ubn1	D	0,9x		extrazellulärer Raum	Sulf1	D	0,5x
Mikrotubuli	Cttn	I	1,4x		extrazellulärer Raum	Sulf2	I	1,3x
Mikrotubuli	Dnchc1	I	1,2x					
Mikrotubuli	Dnm1	I	1,2x		Zelladhäsion			
Mikrotubuli	Dnm1l	D	0,65x		Zelladhäsion	Alcam	D	0,7x
Mikrotubuli	Hook1	D	0,6x		Zelladhäsion	Arvcf	I	1,2x
Mikrotubuli	Hook3	D	0,75x		Zelladhäsion	Cdh2	D	0,75x
Mikrotubuli	Klc3	I	1,2x		Zelladhäsion	Cdh3	I	1,7x
Mikrotubuli	Kns2	I	1,1x		Zelladhäsion	Cdh10	D	0,7x
Mikrotubuli	Kif1b	D	0,6x		Zelladhäsion	Clstn2	I	1,2x
Mikrotubuli	Kifc1	D	0,75x		Zelladhäsion	Cntnap2	D	0,6x
Mikrotubuli	Kif2c	D	0,7x		Zelladhäsion	Cspg2	D	0,7x
Mikrotubuli	Kif5b	D	0,6x		Zelladhäsion	Ctnnd1	I	1,3x
Mikrotubuli	Kif5c	D	0,4x		Zelladhäsion	Dgcr2	I	1,3x
Mikrotubuli	Kif11	D	0,65x		Zelladhäsion	Evl	I	1,5x
Mikrotubuli	Kif13a	D	0,55x		Zelladhäsion	Itga5	I	1,3x
Mikrotubuli	Kifap3	D	0,4x		Zelladhäsion	Jup	I	1,2x
Mikrotubuli	Mphosph1	D	0,35x		Zelladhäsion	Lamb1-1	I	1,3x
Mikrotubuli	Mtap1b	D	0,5x		Zelladhäsion	Lpp	D	0,5x
Mikrotubuli	Mtap2 /// A7:	D	0,75x		Zelladhäsion	MGI:244625!	D	0,75x
Mikrotubuli	Mtap4	I	1,3x		Zelladhäsion	Nlgn2	I	1,3x
Mikrotubuli	Ndel1	D	0,5x		Zelladhäsion	Pcdh7	D	0,7x
Mikrotubuli	Tubgcp5	D	0,6x		Zelladhäsion	Pcdh9	D	0,75x
Mikrotubuli	Tubgcp6	I	1,4x		Zelladhäsion	Pcdh17	D	0,5x
Mikrotubuli	Tex27	I	1,3x		Zelladhäsion	Pcdha4 /// Pc	I	1,6x
extrazellulärer Raum	Afp	I	1,4x		Zelladhäsion	Pcdhb16	D	0,6x
extrazellulärer Raum	Angptl1	I	1,2x		Zelladhäsion	Pcdhb21	D	0,8x
extrazellulärer Raum	Angptl2	I	1,2x		Zelladhäsion	Pcdhgc4	D	0,65x
extrazellulärer Raum	Akap1	I	1,3x		Zelladhäsion	Pkp4	D	0,6x
extrazellulärer Raum	Aplp2	D	0,7x		Zelladhäsion	Podxl2	I	1,3x
extrazellulärer Raum	Bsf3	I	1,3x		Zelladhäsion	Pvrl3	D	0,6x
extrazellulärer Raum	C1qdc2	I	1,2x		Zelladhäsion	Scarf2	I	1,2x
extrazellulärer Raum	Cd52	I	1,5x		Zelladhäsion	Thbs3	I	1,5x
extrazellulärer Raum	Cd248	I	1,3x		Zelladhäsion	Tspan5	I	1,2x
extrazellulärer Raum	Cklf	D	0,7x		Zelladhäsion	Vcam1	D	0,9x
extrazellulärer Raum	Clcf1	I	1,4x					
extrazellulärer Raum	Copa	D	0,4x		Zellzyklus			
extrazellulärer Raum	Cpd	D	0,5x		Ubiquitin	Akt1	I	1,3x
extrazellulärer Raum	Crlf1	I	1,2x		Ubiquitin	Anapc1	D	0,5x

Zellzyklus

Ubiquitin	Atg9a	I	1,2x
Ubiquitin	Birc6	D	0,6x
Ubiquitin	Brca1	I	1,2x
Ubiquitin	Cbl	D	0,5x
Ubiquitin	Cul1	D	0,4x
Ubiquitin	Cul4a	D	0,5x
Ubiquitin	Cul5	D	0,6x
Ubiquitin	Cul7	I	1,4x
Ubiquitin	D11Moh35	I	1,3x
Ubiquitin	Fbxl7	I	0,9x
Ubiquitin	Fbxl10	I	1,2x
Ubiquitin	Fbxl19	I	1,4x
Ubiquitin	Fbxw5	I	1,2x
Ubiquitin	Fbxw11	D	0,7x
Ubiquitin	Herc4	D	0,5x
Ubiquitin	Hectd1	D	0,25x
Ubiquitin	Hip2	D	0,4x
Ubiquitin	Itch	D	0,6x
Ubiquitin	March7	D	0,7x
Ubiquitin	Mgrn1	I	1,2x
Ubiquitin	Mll3	D	0,7x
Ubiquitin	Msn	I	1,3x
Ubiquitin	Nedd4	D	0,7x
Ubiquitin	Pja2	D	0,6x
Ubiquitin	Psmb2	D	0,5x
Ubiquitin	Rad18	D	0,6x
Ubiquitin	Rbx1	D	0,1x
Ubiquitin	Rnf3	I	1,2x
Ubiquitin	Rnf6	D	0,6x
Ubiquitin	Rnf10	I	1,4x
Ubiquitin	Rnf14	D	0,6x
Ubiquitin	Rnf25	D	0,6x
Ubiquitin	Rnf38	D	0,6x
Ubiquitin	Rnf122	D	0,5x
Ubiquitin	Rnf167	I	1,2x
Ubiquitin	Rnf168	D	0,5x
Ubiquitin	Rnf170	D	0,5x
Ubiquitin	Rnf182	D	0,5x
Ubiquitin	Senp1	D	0,65x
Ubiquitin	Senp2	I	1,4x
Ubiquitin	Senp7	D	0,8x
Ubiquitin	Sh3md2	D	0,4x
Ubiquitin	Skp2	D	0,7x
Ubiquitin	Sumo1	D	0,65x
Ubiquitin	Syvn1	I	1,4x
Ubiquitin	Traf7	I	1,2x
Ubiquitin	Trim2	D	0,6x
Ubiquitin	Trim8	I	1,4x
Ubiquitin	Trim24	D	0,5x
Ubiquitin	Trim41	D	0,6x
Ubiquitin	Trim44	D	0,5x
Ubiquitin	Trip12	D	0,6x
Ubiquitin	Ttc3	D	0,6x
Ubiquitin	Ubap2l	I	1,1x
Ubiquitin	Ube2i	D	0,6x
Ubiquitin	Ube2h	I	1,3x
Ubiquitin	Ube3b	I	1,3x
Ubiquitin	Ube3c	D	0,5x
Ubiquitin	Ube4a	D	0,3x
Ubiquitin	Ubl7	I	1,3x
Ubiquitin	Ubr2	D	0,75x

Zellzyklus

Ubiquitin	Usp1	D	0,6x
Ubiquitin	Usp7	D	0,4x
Ubiquitin	Usp8	D	0,7x
Ubiquitin	Usp19	I	1,3x
Ubiquitin	Usp22	I	1,4x
Ubiquitin	Usp40	D	0,65x
Ubiquitin	Usp42	D	0,5x
Ubiquitin	Usp47	D	0,5x
Ubiquitin	Vcpip1	D	0,7x
Ubiquitin	Vps18	I	1,2x
Ubiquitin	---	D	0,75x
Ubiquitin	AU042671	I	1,4x
Ubiquitin	2310047C04	D	0,25x
Ubiquitin	4930470D19	D	0,6x
Ubiquitin	2310047C04	D	0,5x
Ubiquitin	1810009A16	I	1,3x
Ubiquitin	1110018G07	I	1,2x
Zellzyklus	Akt2	I	1,3x
Zellzyklus	Apbb1	I	1,3x
Zellzyklus	Apbb2	D	0,6x
Zellzyklus	Araf	I	1,2x
Zellzyklus	Aspm	I	1,3x
Zellzyklus	Atm	D	0,6x
Zellzyklus	Axl	I	1,3x
Zellzyklus	Brsk1	I	2x
Zellzyklus	Calm3	I	1,1x
Zellzyklus	Ccnl1	D	0,8x
Zellzyklus	Ccnd1	D	0,6x
Zellzyklus	Ccnd2	D	0,4x
Zellzyklus	Ccnd3	I	1,1x
Zellzyklus	Ccnk	I	1,4x
Zellzyklus	Cdc37l1	D	0,8x
Zellzyklus	Clasp2	D	0,4x
Zellzyklus	Clspn	D	0,65x
Zellzyklus	Crkl	D	0,7x
Zellzyklus	Csnk2a2	D	0,7x
Zellzyklus	Ctcf	D	0,35x
Zellzyklus	Ddit3	D	0,4x
Zellzyklus	Dlgh1	D	0,4x
Zellzyklus	Elk3	I	1,4x
Zellzyklus	Erbb2	I	1,3x
Zellzyklus	Erh	D	0,7x
Zellzyklus	Etv6	I	1,1x
Zellzyklus	Frk	D	0,6x
Zellzyklus	Gas2l3	D	0,3x
Zellzyklus	Gsk3b	D	0,5x
Zellzyklus	Hcfc1	I	1,3x
Zellzyklus	Hipk2	I	1,3x
Zellzyklus	Igf2	D	0,5x
Zellzyklus	Jun	I	1,4x
Zellzyklus	Jund1	I	1,1x
Zellzyklus	Mad1l1	I	1,9x
Zellzyklus	Mapre2	I	1,2x
Zellzyklus	Mcm2	I	1,1x
Zellzyklus	Mcm3	I	1,2x
Zellzyklus	Mfn2	I	1,3x
Zellzyklus	Mycn	I	1,3x
Zellzyklus	Nf2	D	0,5x
Zellzyklus	Nbl1	I	1,3x
Zellzyklus	Nipbl	D	0,4x
Zellzyklus	Ppp1cb	D	0,65x

Zellzyklus

Zellzyklus	Ppp1cc	D	0,25x
Zellzyklus	Ppp3ca	D	0,6x
Zellzyklus	Rad21	I	1,3x
Zellzyklus	Rab8a	D	0,3x
Zellzyklus	Rbl1	D	0,5x
Zellzyklus	Rb1cc1	D	0,25x
Zellzyklus	Rbbp4	D	0,6x
Zellzyklus	Rcc2	I	1,3x
Zellzyklus	Rgs2	D	0,8x
Zellzyklus	Rif1	D	0,4x
Zellzyklus	Sep 03	D	0,65x
Zellzyklus	Sep 05	I	1,3x
Zellzyklus	Sep 09	I	1,2x
Zellzyklus	D5Ertd606e	D	0,4x
Zellzyklus	Smc1l1	D	0,65x
Zellzyklus	Smc2l1	D	0,3x
Zellzyklus	Smc4l1	D	0,5x
Zellzyklus	Stat5b	I	1,3x
Zellzyklus	Trp53	D	0,6x
Zellzyklus	Tsc2	I	1,2x
Zellzyklus	U2af1	D	0,75x
Zellzyklus	Yes1	D	0,5x
Wachstum	Brd8	D	0,5x
Wachstum	Crim1	D	0,9x
Wachstum	Epc1	D	0,5x
Wachstum	Igf2bp1	D	0,7x
Wachstum	Igfbp4	I	1,5x
Wachstum	Igfbp5	D	0,5x
Wachstum	Igf2r	I	1,2x
Wachstum	Ing3	D	0,6x
Wachstum	Shc1	I	1,3x
Wachstum	Socs2	I	1,3x
Wachstum	Socs6	D	0,75x

Apoptose

Apoptose	Acin1	D	0,8x
Apoptose	Bat3	I	1,5x
Apoptose	Bak1	I	1,3x
Apoptose	Bcl2	I	1,2x
Apoptose	Ccar1	D	0,5x
Apoptose	Dlg5	I	1,3x
Apoptose	Dock1	D	0,6x
Apoptose	Hdh	D	0,7x
Apoptose	Pdcd5	D	0,35x
Apoptose	Pdia3	D	0,8x
Apoptose	Rtn4	D	0,7x
Apoptose	Rock1	D	0,6x
Apoptose	Sgpl1	I	1,5x
Apoptose	Sh3glb1	I	1,3x
Apoptose	Sod1	D	0,5x
Apoptose	Tm2d1	D	0,6x
Apoptose	Trp53bp2	I	1,2x
Apoptose	Topors	D	0,8x
Apoptose	Unc5b	D	0,65x

Transport

Transport	Anxa6	D	0,9x
Transport	Ap1s1	I	1,2x
Transport	Ap2a1	I	1,5x
Transport	Apba3	I	1,3x
Transport	Ap4s1	D	0,05x
Transport	Appbp2	D	0,6x
Transport	Aqp3	I	2x
Transport	Arf3	I	1,2x
Transport	Arfrp1	I	1,2x
Transport	Arfgap1	I	1,3x
Transport	Aspscr1	I	1,3x
Transport	Atp2a2	I	1,3x
Transport	Atp2b1	D	0,3x
Transport	Atp2c1	D	0,5x
Transport	Atp6v0a1	I	1,4x
Transport	Atp8a1	I	1,2x
Transport	Atp9a	I	1,2x
Transport	Atp11c	D	0,3x
Transport	Cacna1c	D	0,6x
Transport	Cacna1g	I	1,4x
Transport	Cacna1h	I	1,4x
Transport	Cacna2d1	D	0,5x
Transport	Centg2	D	0,55x
Transport	Clcn2	I	1,2x
Transport	Cplx2	D	0,5x
Transport	Cog4	D	0,35x
Transport	Cplx2	I	1,7x
Transport	Derl1	I	1,2x
Transport	Doc2b	I	1,3x
Transport	Gosr2	D	0,65x
Transport	Grik5	I	1,5x
Transport	H47	D	0,8x
Transport	Igf2r	I	1,1x
Transport	Kcnmb4	I	1,2x
Transport	Kcnd2	D	0,6x
Transport	Kcnq5	D	0,5x
Transport	Kctd12b	D	0,5x
Transport	Kdelr2	D	0,8x
Transport	Laptm4a	D	0,9x
Transport	Lasp1	D	0,9x
Transport	Lman1	D	0,5x
Transport	Mettl1	I	1,2x
Transport	Mtch1	I	1,1x
Transport	Mtch2	D	0,5x
Transport	Myo1c	I	1,2x
Transport	Pom121	I	1,3x
Transport	Rab5b	D	0,5x
Transport	Rab6ip2	I	1,2x
Transport	Rab31	D	0,75x
Transport	Ralbp1	D	0,4x
Transport	Rgs12	D	0,35x
Transport	Rims2	I	4,5x
Transport	Rsc1a1	I	1,1x
Transport	Sec24b	D	0,8x
Transport	Sec24c	I	1,1x
Transport	Sec10l1	D	0,75x
Transport	Sez6 /// Rab3	I	1,1x
Transport	Sfxn2	D	0,5x
Transport	Slc4a2	I	1,4x
Transport	Slc4a7	D	0,4x
Transport	Slc6a6	I	1,2x
Transport	Slc8a1	D	0,3x
Transport	Slc9a8	I	1,3x
Transport	Slc11a2	I	1,1x
Transport	Slc12a2	D	0,6x
Transport	Slc12a4	I	1,3x

Transport			
Transport	Slc20a1	D	0,6x
Transport	Slc25a12	D	0,65x
Transport	Slc25a22	I	1,1x
Transport	Slc25a24	I	1,1x
Transport	Slc25a26	I	1,6x
Transport	Slc25a27	D	0,75x
Transport	Slc35c2	I	1,3x
Transport	Slc35a4	I	1,2x
Transport	Slc38a1	D	0,65x
Transport	Slc40a1	I	1,3x
Transport	Slc44a2	I	1,2x
Transport	Slc45a4	I	1,2x
Transport	Smbp	D	0,4x
Transport	Snx26	I	1,3x
Transport	Stau2	I	1,1x
Transport	Stx5a	I	1,2x
Transport	Stx6	D	0,06x
Transport	Stxbp1	I	1,2x
Transport	Syt11	D	0,6x
Transport	Tnfaip1	I	1,1x
Transport	Tpcn1	I	1,3x
Transport	Tloc1	D	0,5x
Transport	Tmed5	D	0,8x
Transport	Tmed7	D	0,5x
Transport	Tomm7	I	1,1x
Transport	Trpm4	I	1,2x
Transport	Uty /// LOC5	I	2,3x
Transport	Vps4b	D	0,8x
Transport	Xpo4	D	0,6x
Transport	Xpo6	I	1,2x
Elektronentransport	Cyba	I	1,1x
Elektronentransport	Kcnma1	D	0,5x
Elektronentransport	Mrc2	I	1,4x
Elektronentransport	Mybbp1a	I	1,4x
Elektronentransport	Pcyox1	I	1,2x
Elektronentransport	Pdia4	I	1,2x
Elektronentransport	Ppargc1a	D	0,5x
Elektronentransport	Ppox	I	1,2x
Elektronentransport	Smox	D	0,8x
Elektronentransport	Sorl1	I	1,3x
Elektronentransport	Sqle	D	0,7x
Elektronentransport	Txnl2	D	0,6x
Elektronentransport	Txnrd1	D	0,6x
Elektronentransport	Txndc5	I	1,2x
Elektronentransport	Txndc10	D	0,6x
Elektronentransport	Txndc13	D	0,65x
Elektronentransport	Xdh /// BC00	D	0,5x

Splicing			
Splicing	Adar	D	0,65x
Splicing	Bxdc5	D	0,6x
Splicing	Casc3	I	1,3x
Splicing	Cpsf2	D	0,65x
Splicing	Cugbp1	D	0,5x
Splicing	Dus4l	D	0,5x
Splicing	Elavl1	D	0,5x
Splicing	Fnbp3	D	0,5x
Splicing	Fus	D	0,3x
Splicing	Hnrpdl	D	0,5x
Splicing	Hnrpl	I	1,3x
Splicing	Khsrp	I	1,2x
Splicing	Nol5	D	0,5x
Splicing	Nono	D	0,6x
Splicing	Pabpc1	D	0,8x
Splicing	Pabpc4 /// LC	I	1,2x
Splicing	Pabpn1	D	0,8x
Splicing	Prpf3	D	0,9x
Splicing	Ptbp2	D	0,5x
Splicing	Rbm4	D	0,5x
Splicing	Rbm9	D	0,6x
Splicing	Rkhd1	I	1,3x
Splicing	Rnasel	D	0,7x
Splicing	Rnasen	I	1,2x
Splicing	Rnpc2	D	0,6x
Splicing	Rnps1	D	0,8x
Splicing	Rod1	D	0,75x
Splicing	Sart3	D	0,5x
Splicing	Sf3a2	I	1,3x
Splicing	Sf3a3	D	0,75x
Splicing	Sf3b1	D	0,35x
Splicing	Sf3b2	I	1,1x
Splicing	Sf4	D	0,6x
Splicing	Sfpq	D	0,5x
Splicing	Sfrs10	D	0,35x
Splicing	Sfrs11	D	0,35x
Splicing	Sfrs12	D	0,6x
Splicing	Sfrs16	I	1,3x
Splicing	Sfrs2ip	D	0,75x
Splicing	Sfrs8	D	0,75x
Splicing	Skiip	D	0,5x
Splicing	Srpk2	D	0,35x
Splicing	Srrm1	D	0,27x
Splicing	Syncrip	D	0,75x
Splicing	Thoc3	D	0,75x
Splicing	Tsen2	D	0,6x
Splicing	Ttc14	D	0,7x
Splicing	Xrn1	D	0,5x
Splicing	Xrn2	D	0,6x

Phosphorylierung			
Phosphorylierung	Acvr1	I	1,3x
Phosphorylierung	Acvr1b	I	1,2x
Phosphorylierung	Adrbk1	I	1,2x
Phosphorylierung	Apeg1	I	1,4x
Phosphorylierung	Cdc14a	D	0,6x
Phosphorylierung	Clk4	I	1,1x
Phosphorylierung	Csk	I	1,5x
Phosphorylierung	Csnk1d	I	1,3x
Phosphorylierung	Csnk1g2	I	1,2x
Phosphorylierung	Csnk1g3	D	0,6x
Phosphorylierung	Crk7	D	0,5x
Phosphorylierung	Dapk1	I	1,2x
Phosphorylierung	Dcamkl1	D	0,55x
Phosphorylierung	Dgkz	I	1,5x
Phosphorylierung	Dmpk	I	1,3x
Phosphorylierung	4932442E05	I	1,4x
Phosphorylierung	Eef2k	D	0,6x
Phosphorylierung	Gprk6	I	1,35x
Phosphorylierung	Gsg2	D	0,65x
Phosphorylierung	Ibtk	D	0,6x
Phosphorylierung	Ick	D	0,5x
Phosphorylierung	Lrrk1	I	1,4x

Kategorie	Name	I/D	Faktor
Phosphorylierung	Limk2	I	1,2x
Phosphorylierung	Mapk8	D	0,7x
Phosphorylierung	Map3k4	I	1,2x
Phosphorylierung	Mark2	I	1,4x
Phosphorylierung	Mast2	D	0,6x
Phosphorylierung	Mast4	D	0,5x
Phosphorylierung	Ncam1	D	0,75x
Phosphorylierung	Neo1	D	0,5x
Phosphorylierung	Nek7	D	0,8x
Phosphorylierung	Nrk	D	0,35x
Phosphorylierung	Pak3	D	0,7x
Phosphorylierung	Pak4	I	1,3x
Phosphorylierung	Pctk1	I	1,1x
Phosphorylierung	Pctk2	D	0,5x
Phosphorylierung	Pdgfra	D	0,75x
Phosphorylierung	Pdgfrb	I	1,4x
Phosphorylierung	Pdpk1	D	0,4x
Phosphorylierung	Phpt1	I	1,1x
Phosphorylierung	Pik3r1	D	0,6x
Phosphorylierung	Plk4	D	0,65x
Phosphorylierung	Ppm1b	D	0,5x
Phosphorylierung	Prkacb	D	0,5x
Phosphorylierung	Prkcd	I	1,3x
Phosphorylierung	Prkch	I	1,4x
Phosphorylierung	Prkcm	I	1,3x
Phosphorylierung	Prkd2	I	1,1x
Phosphorylierung	Pten	D	0,4x
Phosphorylierung	Ptger1	I	1,3x
Phosphorylierung	Ptp4a2	D	0,7x
Phosphorylierung	Ptplb	D	0,75x
Phosphorylierung	Ptpn4	D	0,6x
Phosphorylierung	Ptpn12	D	0,2x
Phosphorylierung	Ptpn23	I	1,9x
Phosphorylierung	Ptprd	D	0,7x
Phosphorylierung	Ptprk	D	0,65x
Phosphorylierung	Rab32	I	1,3x
Phosphorylierung	Sbf1	I	1,3x
Phosphorylierung	Sbf2	D	0,3x
Phosphorylierung	Sbk1	I	1,1x
Phosphorylierung	D10Ertd802e	D	0,6x
Phosphorylierung	Setbp1	D	0,7x
Phosphorylierung	Spred1	I	1,2x
Phosphorylierung	Ssh3	I	1,6x
Phosphorylierung	Stk3	D	0,6x
Phosphorylierung	Stk32b	I	1,2x
Phosphorylierung	Stk35	I	1,3x
Phosphorylierung	Taok1	D	0,65x
Phosphorylierung	Taok1	D	0,5x
Phosphorylierung	Taok2	I	1,4x
Phosphorylierung	Tlk1	D	0,7x
Phosphorylierung	Tlk2	D	0,25x
Phosphorylierung	Tnk2	I	1,4x
Phosphorylierung	Trib2	I	1,2x
Phosphorylierung	Trio	D	0,75x
Phosphorylierung	Trpm7	D	0,6x
Phosphorylierung	Ttbk1	D	0,6x
Phosphorylierung	Tyro3	I	1,1x
Phosphorylierung	Ulk1	I	1,4x
Phosphorylierung	Wnk1	D	0,3x
MAP Kinase	Cfl1	I	1,1x
MAP Kinase	Cspg4	I	1,5x
MAP Kinase	Dusp16	D	0,8x
MAP Kinase	Gab1	I	1,1x
MAP Kinase	Map2k4	D	0,6x
MAP Kinase	Map2k7	I	1,4x
MAP Kinase	Map3k12	D	0,5x
MAP Kinase	Map4k4	D	0,6x
MAP Kinase	Mapkap1	D	0,6x
MAP Kinase	Mapkapk2	I	1,3x
MAP Kinase	Mapkbp1	I	1,2x
MAP Kinase	Mapkbp1	I	1,3x
MAP Kinase	Mark4	I	1,3x
MAP Kinase	Mknk2	I	1,4x
MAP Kinase	Prkca	D	0,8x
MAP Kinase	Shank3	I	1,1x
Biosynthese	Bcl9l	I	1,5x
Biosynthese	Dnm3	D	0,6x
Biosynthese	Eefsec	I	1,2x
Biosynthese	Eftud1	I	1,1x
Biosynthese	Eif2c2	D	,4x
Biosynthese	Eif2c4	D	0,6x
Biosynthese	Eif2s2	D	0,8x
Biosynthese	Eif2s3y	I	2x
Biosynthese	Eif3s8	D	0,35x
Biosynthese	Eif3s9	I	1,2x
Biosynthese	Eif3s10	D	0,5x
Biosynthese	Eif4e3	D	0,75x
Biosynthese	Eif4ebp2	D	0,5x
Biosynthese	Eif4g1	D	0,9x
Biosynthese	Eif5	D	0,5x
Biosynthese	Eprs	D	0,6x
Biosynthese	Gpt2	I	1,3x
Biosynthese	Gtpbp1	I	1,5x
Biosynthese	Mtif2	D	0,75x
Biosynthese	Pum1	D	0,75x
Biosynthese	Pum2	D	0,45x
Biosynthese	Rps3	D	0,8x
Biosynthese	Secisbp2	D	0,5x
Biosynthese	Vars2	I	1,3x
Targeting	Erbb2ip	D	0,65x
Targeting	Pacs1	D	0,55x
Targeting	Paip1	D	0,75x
Targeting	Ptgfrn	I	1,3x
Targeting	Sec61a1	I	1,2x
Targeting	Srp72	D	0,7x
Targeting	Utx	D	0,55x
Targeting	Ywhag	D	0,9x
Targeting	Ywhaq	D	0,5x
Targeting	Ywhaz	D	0,5x
Targeting	Zadh2	I	1,2x
Modifikation	Ddah1	D	0,6x
Modifikation	Galnt10	I	1,4x
Modifikation	Hs3st3b1	I	1,3x
Modifikation	Itm1	D	0,4x
Modifikation	Mgat3	I	1,3x
Modifikation	Mgat5	I	1,3x

Modifikation

Modifikation			
Modifikation	Nmt2	D	0,5x
Modifikation	Ogt	D	0,9x
Modifikation	Parp12	I	1,5x
Modifikation	Siat4c	D	0,6x
Modifikation	Siat7c	D	0,5x
Modifikation	Tiparp	D	0,6x
Modifikation	Ubqln4	I	1,2x

Proteolyse

Proteolyse			
Proteolyse	Bace1	I	1,1x
Proteolyse	Capn6	I	1,3x
Proteolyse	Cflar	D	0,5x
Proteolyse	Cpm	I	1,4x
Proteolyse	Fap	D	0,75x
Proteolyse	Htra2	I	1,2x
Proteolyse	Ide	D	0,6x
Proteolyse	Malt1	D	0,3x
Proteolyse	Metapl1	I	1,3x
Proteolyse	Nrd1	D	0,7x
Proteolyse	Pa2g4	D	0,7x
Proteolyse	Pcsk5	D	0,7x
Proteolyse	Prepl	I	1,3x
Proteolyse	Rnpepl1	I	1,3x
Proteolyse	Supt16h	D	0,6x
Proteolyse	Yme1l1	D	0,7x

andere Gene 199

nicht analysiert 1098

Auswertung E 14.5

jeder Kandidat nur einmal, Foldchanges gemittelt, GOs sortiert

Musterbildung

Hox Gene	Hoxa13	I	1,3x
Hox Gene	Hoxd9	I	1,2x
Hox Gene	Hoxd10	I	1,1x
Hox Gene	Hoxd11	I	1,2x

Signalwege

wnt	Cxxc4	I	1,4x
wnt	Dkk1	D	0,7x
wnt	Dkk2	D	0,7x
wnt	Fzd2	MI	1,1x
wnt	Sfrp2	I	1,2x
Ihh	Hhip	D	0,75x
Ihh	Ihh	D	0,6x
Ihh	Ptch1	D	0,8x
Bmp	Gpc3	I	1,1x
Bmp	Smad1	D	0,8x
TGF	Fgfbp1	D	0,8x
TGF	Jak1	I	1,5x
TGF	Ltbp3	MI	1,1x
TGF	Ltbp2	I	1,5x
TGF	Thbs1	I	1,2x
Signaltransduktion	Agtrl1	D	0,8x
Signaltransduktion	Ccrl1	D	0,35x
Signaltransduktion	Gng2	I	1,3x
Signaltransduktion	Gpr23	I	1,2x

Extremitätenentwicklung

Musterbildung	Tbx5	I	1,5x
Musterbildung	Lhx2	D	0,7x
Knorpel	Sox5	MI	1,2x
Differenzierung	Chrdl1	I	1,4x
Differenzierung	Dcx	I	1,4x
Differenzierung	Ldb2	I	1,2x
Verknöcherung	Foxc1	I	1,2x
Verknöcherung	Kazald1	I	1,3x
Verknöcherung	Runx2	D	0,9x
Muskelbildung	Boc	I	1,2x
Muskelbildung	Chodl	D	0,6x
Muskelbildung	Myh8	D	0,3x
Muskelbildung	Pdlim3	D	0,65x
Kollagene	Col1a1	D	0,9x
Kollagene	Col23a1	D	0,7x
Kollagene	Col8a1	D	0,8x
Kollagene	Cthrc1	I	1,1x
Kollagene	Pcolce	D	0,75x
Kollagene	Pcolce2	D	0,7x
extrazelluläre Matrix	Adamts15	I	1,2x
extrazelluläre Matrix	Matn3	D	0,75x
extrazelluläre Matrix	Matn4	I	1,2x
extrazelluläre Matrix	Spock3	MD	0,8x

Transkription

Transkription	Ebf1	I	1,2x
Transkription	Foxp1	I	1,1x
Transkription	Gabpa	D	0,7x
Transkription	Irf6	D	0,7x
Transkription	Six1	D	0,7x
Transkription	Ssbp2	I	1,4x
Transkription	Suz12	D	0,6x
Transkription	Tcfap2a	D	0,8x
Transkription	Tcfap2b	D	0,9x
Transkription	Tcfap2c	MD	0,8x
Transkription	Tead1	D	0,7x
Transkription	Tsc22d1	I	1,2x
Zinkfingerprotein	Zfp71	D	0,65x
Zinkfingerprotein	Zfp367	D	0,8x
Zinkfingerprotein	Zfp521	I	1,2x
Regulation	Mrg1	D	0,8x
Regulation	Ankhd1	MD	0,8x
Regulation	Creb3l2	I	1,2x
Regulation	Evi1	I	1,2x
Regulation	Grhl1	D	0,75x
Regulation	Irx3	D	0,8x
Regulation	Irx5	D	0,7x
Regulation	Mbtd1	I	1,3x
Regulation	Morf4l1 /// LC	D	0,7x
Regulation	Prrx1	MD	0,8x
Regulation	Ripk4	MD	0,8x
Regulation	Rnpc2	D	0,5x
Regulation	Sdccag33	I	1,2x
Regulation	Trp53bp1	MD	0,7x

Cytoskelett

Cytoskelett	---	MD	0,6x
Cytoskelett	Gsn	D	0,9x
Cytoskelett	Hrnr	D	0,35x
Cytoskelett	Krt1-5	D	0,9x
Cytoskelett	Krt1-15	D	0,75x
Cytoskelett	Krt1-17	D	0,6x
Cytoskelett	Krt1-18	D	0,75x
Cytoskelett	Krt1-19	D	0,75x
Cytoskelett	Krt1-24	D	0,65x
Cytoskelett	Krt2-1	D	0,8x
Cytoskelett	Krt2-4	D	0,65x
Cytoskelett	Krt2-6a	D	0,6x
Cytoskelett	Krt2-8	D	0,7x
Cytoskelett	Krtdap	D	0,8x
Cytoskelett	Lor	D	0,6x
Cytoskelett	Scin	D	0,8x
Cytoskelett	Sprr1b	D	0,7x
extrazellulärer Raum	Amy2	D	0,04x
extrazellulärer Raum	Angptl1	I	1,3x
extrazellulärer Raum	Cfh	D	0,5x
extrazellulärer Raum	Cntn1	MD	0,7x
extrazellulärer Raum	Gsn	D	0,8x
extrazellulärer Raum	Ly6d	D	0,7x
extrazellulärer Raum	Tacstd1	D	0,75x

Zelladhäsion

Zelladhäsion	MGI:2446259	D	0,7x
Zelladhäsion	BC032204	D	0,5x
Zelladhäsion	Cdh1	D	0,8x
Zelladhäsion	Chl1	D	0,75x
Zelladhäsion	Cldn11	I	1,4x
Zelladhäsion	Cntn1	D	0,8x
Zelladhäsion	Comp	D	0,7x

Zelladhäsion			
Zelladhäsion	Eva1	D	0,8x
Zelladhäsion	Hapln1	D	0,85x
Zelladhäsion	Omd	D	0,65x
Zelladhäsion	Pcdh9	D	0,8x
Zelladhäsion	Plekhh1	MD	0,6x

Zellzyklus			
ubiquitin	Hip2	D	0,3x
ubiquitin	Rnf20	D	0,6x
ubiquitin	Trim2	D	0,75x
ubiquitin	Ube2b	I	1,2x
ubiquitin	Wwp2	I	1,2x
Zellzyklus	Camk2d	D	0,8x
Zellzyklus	Erg	D	0,75x
Zellzyklus	Nr2f1	D	0,65x
Zellzyklus	Ppp1cb	D	0,5x
Zellzyklus	S100a6	D	0,8x
Zellzyklus	Sfn	D	0,8x
Zellzyklus	Socs2	I	1,4x

Apoptose			
apoptose	Cebpb	D	0,75x
apoptose	Lgals7	D	0,75x
apoptose	Mal	D	0,7x
apoptose	Tia1	I	1,3x

Transport			
Transport	9430071P14	D	0,6x
Transport	Atp1b4	D	0,8x
Transport	Atp5a1	MD	0,75x
Transport	Emid2	I	1,2x
Transport	Gabra4	D	0,65x
Transport	Grin3a	D	0,6x
Transport	Itsn2	D	0,65x
Transport	Lin7c	D	0,7x
Transport	MGI:192925:	D	0,9x
Transport	Pltp	D	0,8x
Transport	Rab2	MD	0,65x
Transport	Rala	D	0,9x
Transport	Slc12a6	D	0,7x
Transport	Slc14a1	I	1,6x
Transport	Slc25a12	D	0,75x
Transport	Slco4c1	MI	2,3x
Transport	Stxbp6	MI	1,2x
Transport	Syt11	I	1,2x
Transport	Tiam2	I	1,3x
Transport	Tmed7	D	0,4x

Phosphorylierung			
Phosphorylierung	Prkcm	I	1,2x
Phosphorylierung	C1qb	D	0,65x
Phosphorylierung	Map3k12	D	0,5x
Phosphorylierung	Pdgfra	I	1,2x
Phosphorylierung	Ppp1r14b	D	0,5x
Phosphorylierung	Prkg2	D	0,65x
Phosphorylierung	Ptplb	D	0,8x
Phosphorylierung	Rapgef3	D	0,6x

Targeting			
Targeting	Gphn	I	1,6x
Targeting	Ywhaz	D	0,5x

Modifikation			
Modifikation	Siat4c	MI	1,1x
Modifikation	B3galt1	I	2x
Modifikation	Galnt2	I	1,1x
Modifikation	MGI:357648	D	0,75x

Proteolyse			
Proteolyse	---	D	0,75x
Proteolyse	Capn6	I	1,3x
Proteolyse	Cpxm2	D	0,8x
Proteolyse	Dpp4	D	0,65x
Proteolyse	Gfra2	D	0,6x
Proteolyse	Mest	I	1,1x
Proteolyse	Metapl1	I	2x
Proteolyse	Mme	I	1,2x
Proteolyse	Odz1	D	0,4x
Proteolyse	Tgm2	D	0,7x
Proteolyse	Trhde	D	0,5x

andere Gene 84

Auswertung E 16.5

jeder Kandidat nur einmal, Foldchanges gemittelt, GOs sortiert

Musterbildung

Hox Gene	Hoxa5	MI	1,2x
Hox Gene	Hoxd10	I	1,2x

Signalwege

wnt	Wnt4	D	0,8x
wnt	Dkk1	D	0,8x
wnt	Dkk2	D	0,8x
wnt	Dkk3	I	1,2x
wnt	Pafah1b1	I	1,2x
wnt	Pitx2	MI	1,2x
wnt	Sfrp1	I	1,5x
wnt	Wisp1	I	1,1x
Ihh	Hhip	D	0,65x
Ihh	Ptch1	D	0,65x
Bmp	Bmp2	MD	0,8x
TGFb	Hpgd	D	0,8x
TGFb	Prkca	I	1,4x
TGFb	Spp1	D	0,1x
TGFb	Tgfa	I	1,1x
TGFb	Tgfbi	MI	1,1x
notch	Dner	I	1,5x
RA	Aldh1a2	MD	0,6x
RA	Rarres2	I	1,4x
RA	---	I	1,2x
ephrin	Efnb1	I	1,2x
Signaltransduktion	Acvrinp1	I	1,3x
Signaltransduktion	Agtrl1	I	1,1x
Signaltransduktion	Gpr115	D	0,8x
Signaltransduktion	Gpr23	MI	1,2x
Signaltransduktion	Lphn3	I	1,4x
Signaltransduktion	Pde10a	I	1,3x
Signaltransduktion	Ptger2	I	1,6x

Extremitätenentwicklung

Musterbildung	Lhx2	D	0,5x
Musterbildung	Tbx3	I	1,2x
Musterbildung	Tbx5	I	1,4x
Knorpel	Matn1	I	1,2x
Differenzierung	Dab2	I	1,2x
Verknöcherung	Runx2	D	0,7x
Verknöcherung	Dmp1	D	0,4x
Verknöcherung	Ibsp	D	0,2x
Verknöcherung	Pthr1	D	0,65x
Verknöcherung	Ptn	I	1,2x
Muskelbildung	Myod1	I	1,4x
Muskelbildung	Actn2	I	1,2x
Muskelbildung	Cdon	MI	1,1x
Muskelbildung	Chodl	D	0,5x
Muskelbildung	Efhd2	I	1,1x
Muskelbildung	Igfbp3	I	1,3x
Muskelbildung	Myh1	I	1,4x
Muskelbildung	Myh6	I	1,7x
Muskelbildung	Myl4	I	1,2x
Muskelbildung	Mylpf	I	1,1x
Muskelbildung	Myog	I	1,4x
Muskelbildung	Tnnc2	I	1,1x

Musterbildung

Muskelbildung	Tnni1	I	1,3x
Muskelbildung	Tnnt1	I	1,2x
Muskelbildung	Tnnt2	I	1,1x
Muskelbildung	Ttn	I	1,1x
Blutgefäßbildung	Ang1	I	1,3x
Blutgefäßbildung	Cxcl12	I	1,2x
Blutgefäßbildung	Klf5	D	0,8x
Kollagene	Col10a1	D	0,1x
Kollagene	Col23a1	D	0,7x
Kollagene	Pcolce	D	0,8x
Kollagene	Pcolce2	D	0,65
extrazelluläre Matrix	Adamts6	I	1,4x
extrazelluläre Matrix	Mmp9	D	0,6x

Transkription

Transkription	Creb1	I	2x
Transkription	Ebf1	I	1,3x
Transkription	Eya1	I	1,3x
Transkription	Khdrbs1	I	1,2x
Transkription	Klf13	MD	0,75
Transkription	Laf4	I	1,2x
Transkription	Pbx1	I	1,4x
Transkription	Pax9	I	1,6x
Transkription	Smarca2	I	1,2x
Transkription	Smc6l1	I	1,3x
Transkription	Smyd1	I	1,3x
Transkription	Ssbp2	D	0,75
Transkription	Ssbp3	I	1,3x
Transkription	Tbx15	I	1,3x
Transkription	Trps1	I	1,2x
Zinkfingerprotein	Osr2	D	0,7x
Zinkfingerprotein	Zfp352	I	1,4x
Zinkfingerprotein	Zfp423	I	1,2x
Zinkfingerprotein	Zfp451	MI	1,2x
Zinkfingerprotein	Zdhhc14	D	0,7x
Zinkfingerprotein	Zic3	I	1,4x
Regulation	Arnt	I	1,2x
Regulation	Cited4	D	0,75
Regulation	Evi1	I	1,2x
Regulation	Fosl2	D	0,75
Regulation	Irx2	MD	0,75
Regulation	Irx3	MD	0,9x
Regulation	Irx5	D	0,75
Regulation	Jarid1d	I	1,6x
Regulation	Prrx1	D	0,8x
Regulation	Rnpc2	I	1,2x
Regulation	Strap	MI	1,5x

Zellzyklus

Zellzyklus	Nr2f1	D	0,65x
Zellzyklus	Rad21	I	1,1x
Zellzyklus	Rgs2	I	1,3x
Wachstum	Crim1	I	1,5x
Wachstum	Igfbp7	I	1,2x
Wachstum	Nov	D	0,8x
Wachstum	Socs2	I	1,6x

Apoptose

Apoptose	Igf1	I	1,3x
Apoptose	A330102K23	I	1,4x

Transport

Transport	Alb1	I	3,7x
Transport	Apod	D	0,75x
Transport	Atp6v0b	D	0,9x
Transport	C1qtnf3	I	1,3x
Transport	Emid2	I	1,3x
Transport	Emilin1	D	0,8x
Transport	Fabp4	I	1,7x
Transport	Hbb-y	I	1,6x
Transport	Kcna4	D	0,65x
Transport	Lin7a	D	0,6x
Transport	Mup1 /// Mup	D	0,65x
Transport	Niban	I	1,2x
Transport	Pllp	D	0,6x
Transport	Rabif	I	1,9x
Transport	Rbp4	I	1,3x
Transport	Slc12a6	I	1,5x
Transport	Slc35a1	MI	1,1x
Transport	Tmed7	I	1,4x
Transport	Tomm7	D	0,8x
Transport	Uty /// LOC5	I	1,7x
Elektronentransport	Alas2	MI	1,1x
Elektronentransport	Serinc5	D	0,75x
Elektronentransport	Txndc5	MI	1,1x

Cytoskelett

Cytoskelett	Cttnbp2	D	0,8x
Cytoskelett	Dcx	I	1,6x
Cytoskelett	Evpl	MD	0,8x
Cytoskelett	Krt1-1	D	0,7x
Cytoskelett	Krt1-15	D	0,75x
Cytoskelett	Krt1-16	I	1,2x
Cytoskelett	Krt1-17	D	0,75x
Cytoskelett	Krt1-19	D	0,8x
Cytoskelett	Krt1-24	D	0,75x
Cytoskelett	Krt1-3	D	0,5x
Cytoskelett	Krt1-4	D	0,6x
Cytoskelett	Krt1-5	D	0,75x
Cytoskelett	Krt2-10	D	0,5x
Cytoskelett	Krt2-18	D	0,65x
Cytoskelett	Krt2-6b	D	0,65x
Cytoskelett	Krtap13-1	D	0,5x
Cytoskelett	Krtap16-10 //	D	0,4x
Cytoskelett	Krtap16-7	D	0,5x
Cytoskelett	Krtap16-8	D	0,3x
Cytoskelett	Krtap3-1	D	0,6x
Cytoskelett	Krtap3-3	D	0,5x
Cytoskelett	Krtap6-1	D	0,35x
Cytoskelett	Krtap6-2	D	0,5x
Cytoskelett	Krtap6-3	D	0,4x
Cytoskelett	Krtap8-1	D	0,5x
Cytoskelett	LOC435285	D	0,5x
Cytoskelett	Sgcg	I	1,4x
Cytoskelett	Spnb2	I	1,2x
Cytoskelett	Sprr2n	I	1,1x
Cytoskelett	Synpo2l	I	1,3x
Cytoskelett	1110033F04I	D	0,4x

Cytoskelett

Cytoskelett	2310040M23	D	0,35x
Cytoskelett	2310043L02I	D	0,4x
Mikotubuli	Mark4	I	1,2x
extrazellulärer Raum	Afp	I	4,6x
extrazellulärer Raum	Amy2	D	0,2x
extrazellulärer Raum	Angptl1	I	1,2x
extrazellulärer Raum	Ccl21b /// Cc	D	0,8x
extrazellulärer Raum	Cfh	D	0,4x
extrazellulärer Raum	Cntn1	D	0,6x
extrazellulärer Raum	Dhcr24	D	0,8x
extrazellulärer Raum	Gpx3	D	0,8x
extrazellulärer Raum	Hs2st1	MI	1,3x
extrazellulärer Raum	Il17d	I	1,2x
extrazellulärer Raum	Lox	MD	0,8x
extrazellulärer Raum	Mcpt4	I	1,4x
extrazellulärer Raum	Mcpt5	D	0,9x
extrazellulärer Raum	Ttr	I	3,3x

Zelladhäsion

Zelladhäsion	Celsr1	D	0,8x
Zelladhäsion	Cldn11	I	1,5x
Zelladhäsion	Cldn12	D	0,8x
Zelladhäsion	Clstn2	I	1,3x
Zelladhäsion	Cntnap4	I	1,4x
Zelladhäsion	Dpt	I	1,2x
Zelladhäsion	Igsf4d	MD	0,6x
Zelladhäsion	Nid2	MI	1,1x
Zelladhäsion	Omd	D	0,7x
Zelladhäsion	Pcdh9	D	0,8x
Zelladhäsion	Pcdha4 /// Pc	I	1,3x
Zelladhäsion	Vcam1	D	0,7x

Phosphorylierung

Phosphorylierung	Hck	D	0,7x
Phosphorylierung	Map3k12	I	1,3x
Phosphorylierung	Nrk	I	1,2x
Phosphorylierung	Prkg2	D	0,5x
Phosphorylierung	Ptprf	D	0,9x

Biosynthese

Biosynthese	Eif2s3y	I	1,6x

Targeting

Targeting	Utx	MD	0,8x
Targeting	Ywhaz	I	1,4x
Targeting	1810020G14	I	1,5x

Proteolyse

Proteolyse	Capn6	I	1,2x
Proteolyse	Corin	I	1,3x
Proteolyse	Metapl1	I	1,3x
Proteolyse	Mme	I	1,2x
Proteolyse	Pp11r	D	0,8x
Proteolyse	Prepl	I	1,1x
Proteolyse	Trhde	D	0,35x

andere Gene		76
nicht analysiert		72

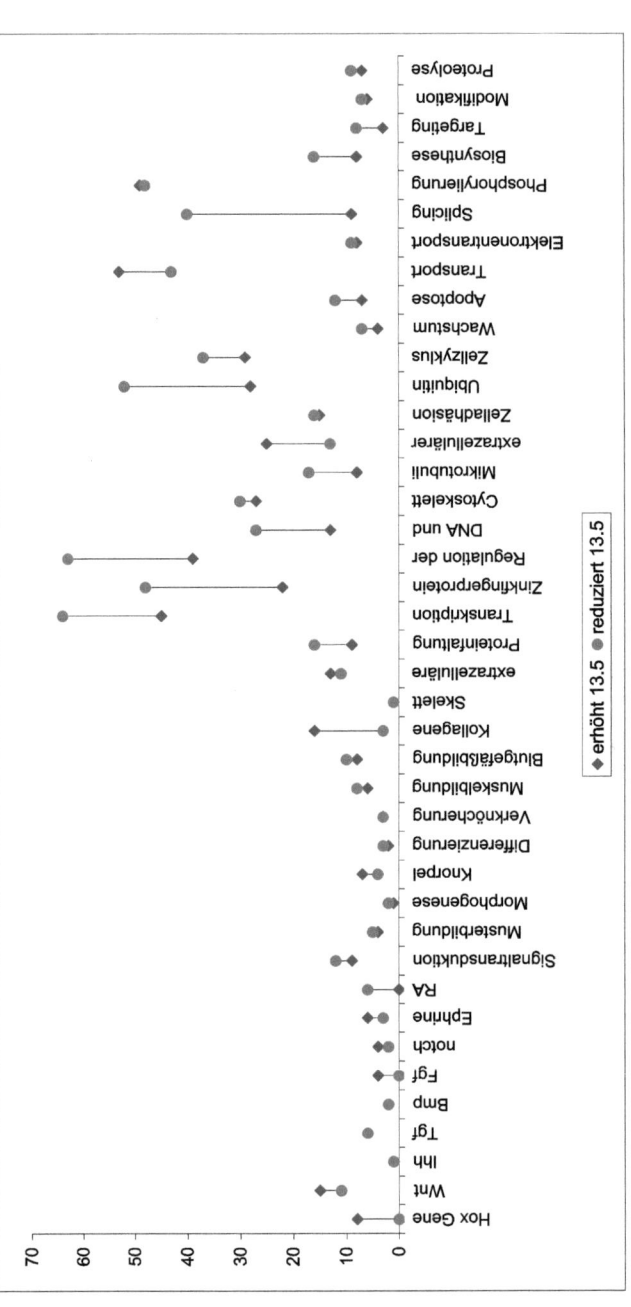

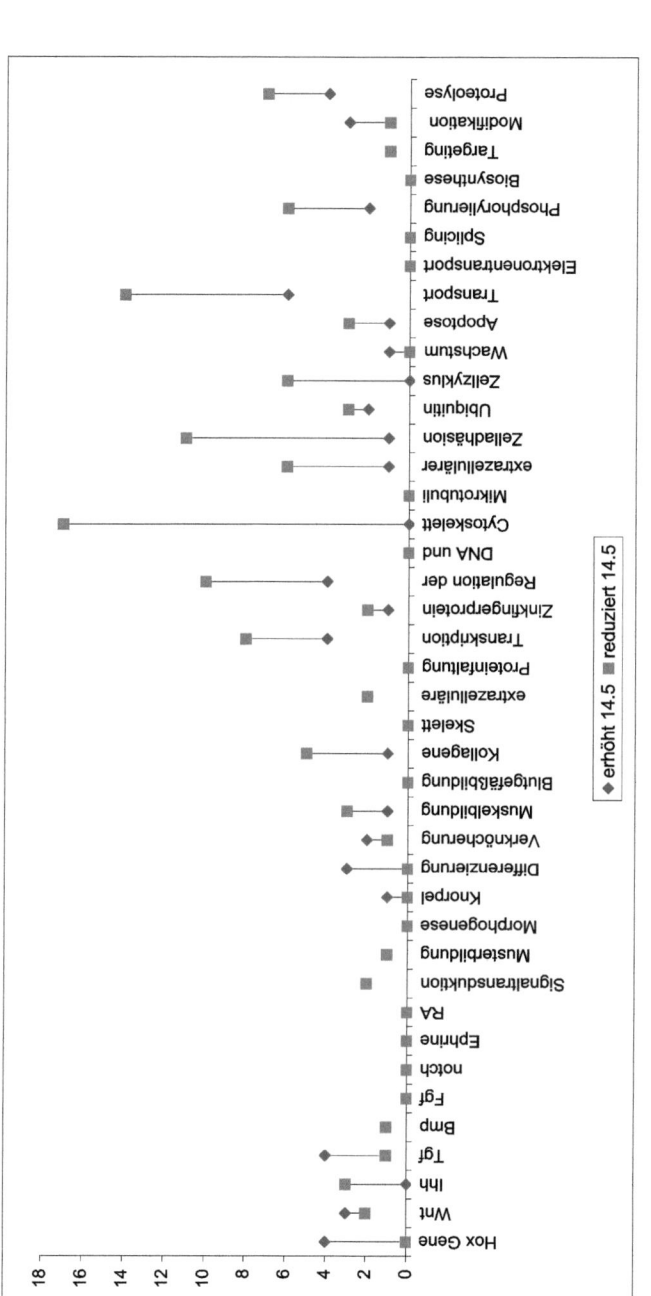

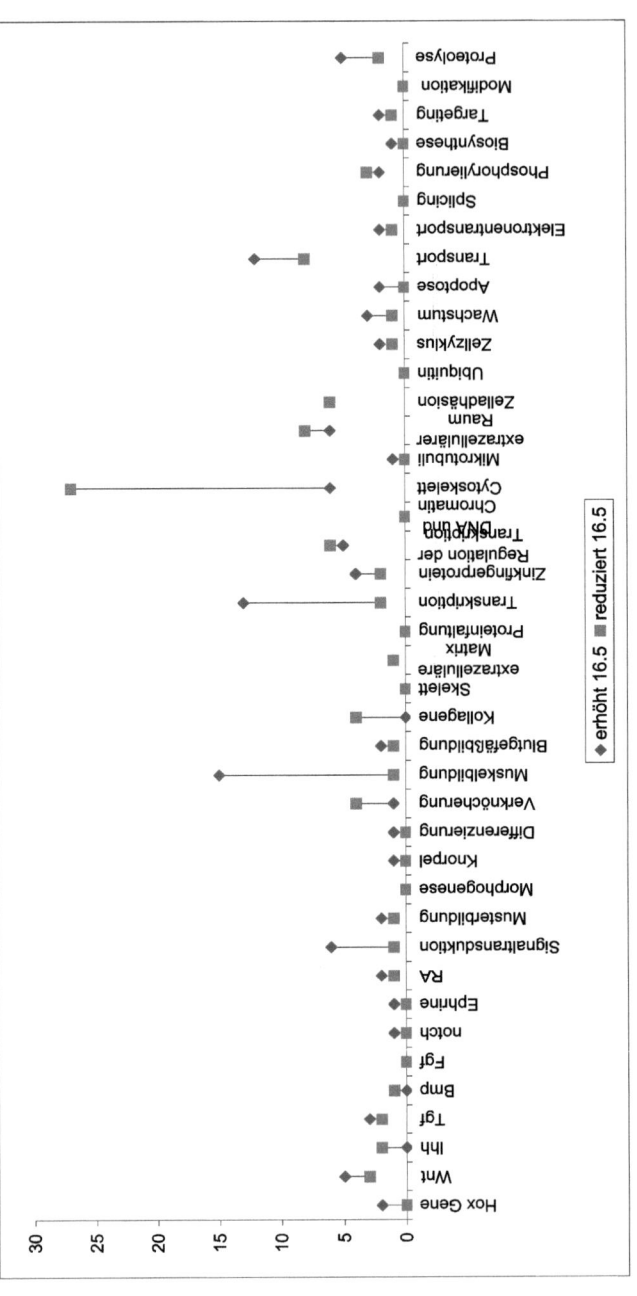

i want morebooks!

Buy your books fast and straightforward online - at one of world's fastest growing online book stores! Environmentally sound due to Print-on-Demand technologies.

Buy your books online at
www.get-morebooks.com

Kaufen Sie Ihre Bücher schnell und unkompliziert online – auf einer der am schnellsten wachsenden Buchhandelsplattformen weltweit! Dank Print-On-Demand umwelt- und ressourcenschonend produziert.

Bücher schneller online kaufen
www.morebooks.de

 VDM Verlagsservicegesellschaft mbH
Heinrich-Böcking-Str. 6-8   Telefon: +49 681 3720 174   info@vdm-vsg.de
D - 66121 Saarbrücken   Telefax: +49 681 3720 1749 www.vdm-vsg.de

Printed by Books on Demand GmbH, Norderstedt / Germany